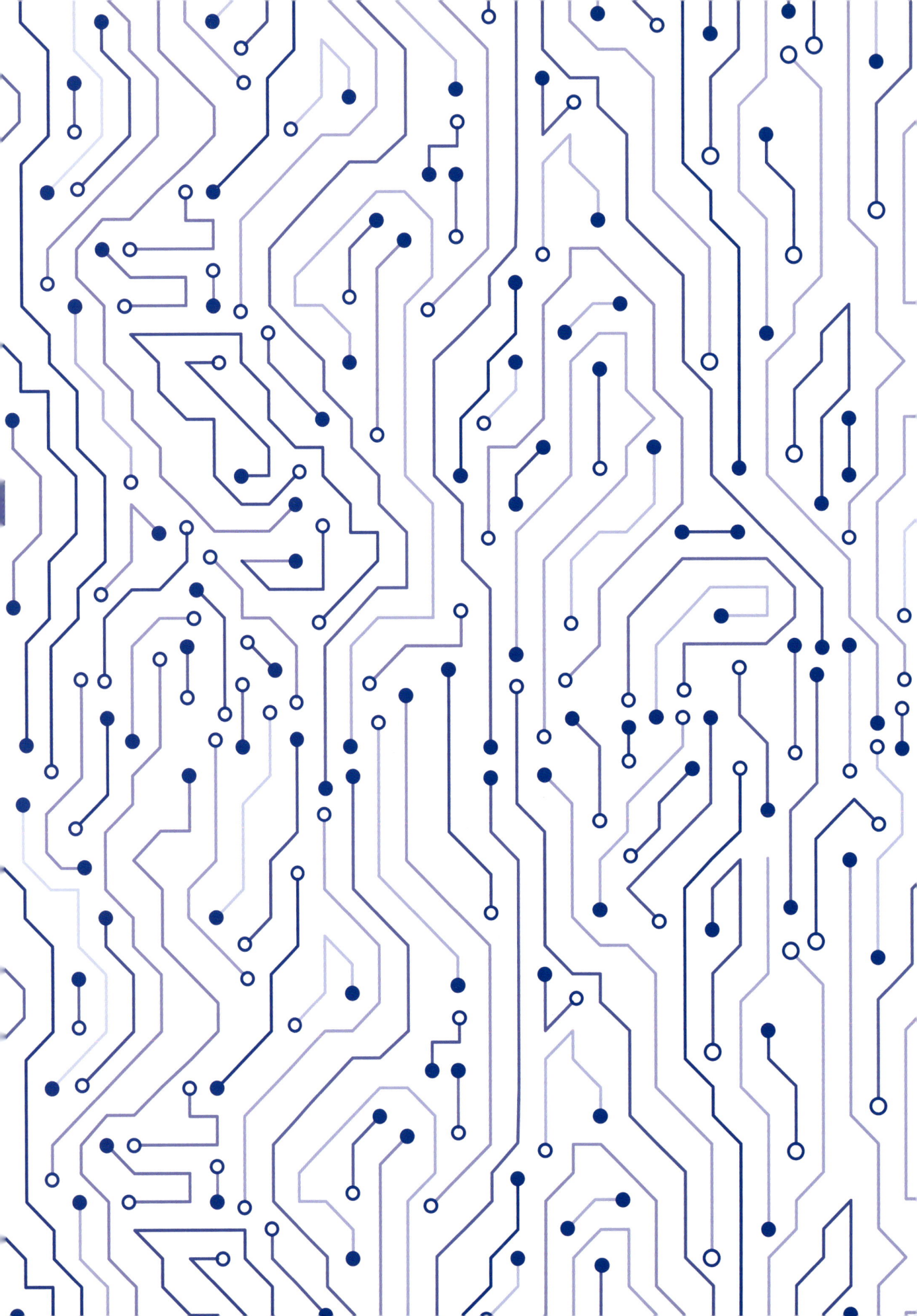

ROBOT

CÓMO LLEGÓ A NUESTRAS VIDAS

MASSIMO TRIULZI
STEFANO GALLARINI

LIBSA

Prólogo

Lo que estás a punto de leer no es un libro sobre robótica científica; tampoco encontrarás lo más innovador de la inteligencia artificial o una selección de robots domésticos. Más bien hallarás las conmovedoras expresiones de Wall-E, las tres leyes básicas, también fundacionales, de Isaac Asimov, junto con su irreverente reinterpretación por parte de Mark Tilden, un diseñador y filósofo que sostiene que un robot debe principalmente transmitir emociones.
Si lo lees y observas con atención –que lo merece–, Robot. Cómo llegó a nuestras vidas, *tampoco es un libro sobre robots. Que el lector y la lectora no se alarmen; las páginas que estás a punto de leer no dejarán de satisfacer tu (muy robótica) curiosidad por aprender, crecer y evolucionar. De hecho, te darás cuenta de lo contrario porque Robot.* Cómo llegó a nuestras vidas, *que finge (no) hablar de robots, es, ante todo, un libro sobre lo humano, es decir, sobre el hombre y la mujer, y sobre su capacidad para imaginar.*

A decir verdad, se reveló en dos exposiciones que hizo uno de los autores de este mismo libro, las cuales fueron la chispa vital del proyecto: la primera, en 2017, tuvo lugar entre los muros Palazzo Alberti Poja, en Rovereto, un escenario capaz de crear un contraste que, por sí solo, habría delatado lo humano más allá de la máquina, o, para quienes prefieran las referencias japonesas, el Ghost in the Shell. La segunda exposición, un par de años después, dio vida a la milanesa Fabbrica del Vapore, donde «animado», «Fabbrica» y «Vapore» son las palabras en las que hay que

centrarse. Todo un lapsus freudiano.
Ambas exposiciones, de hecho, llevaban un
título dispuesto a revelar (en el sentido de
explicar y, al mismo tiempo, de ocultar) el
significado más profundo de la exposición
al igual que en las páginas siguientes. Estas
exposiciones se titulaban Io, Robotto (Yo,
Robot).

Sí, Io, Robotto, con ese sujeto en mayúsculas
antepuesto a «Robotto», un término japonés
que se parece a un verbo, pero que es la
traducción de «autómata» en un kawaii que
significa 'mono', 'adorable'. Como para sugerir,
en palabras de Tilden, el lado emocionante
de los objetos expuestos, todos ellos ejemplos
de robótica divertida, de esa que habla de sus
creadores y de la época que los vio nacer más
que de la tecnología punta. Como la que Shell
deja entrever al Ghost.

Por eso, en las páginas siguientes, una vez
admirado R2-D2, el astrodroide de Star Wars,
o Buzz Lightyear, de Toy Story (casi un póster,
no es casualidad que se inspiraran en Aldrin,
el segundo hombre que llegó a la Luna), uno
se encuentra con Yumi-Hiki Doji, una muñeca
que se remonta al genio decimonónico
de Hisashige Tanaka, la cual, gracias a un
refinado mecanismo mecánico, era capaz de
sacar flechas de un carcaj y dispararlas.
Es el ejemplo, y desde luego no el primero, del
eterno afán del hombre por reproducirse, el

intento de creerse un dios capaz de infundir
vida a algo construido con sus propias manos.
«Más humanos que los humanos» era
el eslogan de la Tyrrel Corporation, el
imaginativo gigante corporativo de Blade
Runner especializado en réplicas de alta
(in)fidelidad de lo que la naturaleza hace
en carne y hueso (y quién sabe, quizá más).
Y este, «más humanos que los humanos»,
parece ser el mantra que reiteran en las
siguientes páginas Massimo Triulzi y Stefano
Gallarini, neoantropólogos muy hábiles a la
hora de hacerse pasar por Eldon Tyrell.

Robot. Cómo llegó a nuestras vidas tiene
una progresión entre lo cronológico, lo
temático y lo onírico. Recorre las etapas
de la robótica, incluso las que solo se
han imaginado, hasta nuestros días. Es
más, habla del mañana, con sus análisis
sobre FIGURE, el humanoide avanzado de
OpenAI, o sobre los futuristas acróbatas de
competición como Atlas, el mañana según
Boston Dynamics o el T-HR3 de Toyota (otra
empresa, ojo a esto, lista para aterrizar en la
Luna). Y no es casualidad que el libro vaya
acompañado también de las maravillosas
fotos de Valentino Candiani, un artista que
murió demasiado pronto, en 2020, y que se
especializó en retratos en blanco y negro sin
filtros. «Famoso por sus rostros, a Candiani se
le pidió precisamente que realzara los rasgos
humanos de estos objetos inanimados, estas
concreciones de la idea de robot», explica
Triulzi, comentando las ampliaciones.
Ahí está de nuevo el rasgo humano, el
fantasma en el caparazón. En este libro hay

para todos los gustos: desde los robots de cuerda típicos de los años treinta, pasando por los «ginoides» de Hajime Sorayama (otra declaración explícita, llena de curvas y sensualidad femenina) hasta Asimo, la histriónica figura electrónica que llegará, fruto de una década de estudio de ingeniería de Honda.

No hace falta mucho para comprender que, al igual que las exposiciones, este libro también esconde otra visión: tras haber dejado atrás muchas joyas del diseño (como NUVO, el cíclope de metal diseñado por Pininfarina, o los Omnibots, la representación de los años setenta del autómata que, a falta de tecnología avanzada, pretendía «parecerse a los robots de ciencia ficción»), no se necesita mucho para darse cuenta de cómo la transición entre juego y ciencia, entre fantasía y tecnología aplicada, es lenta pero inexorable. Tras los Furbys de Caleb Chung, ejemplo magnífico de cómo una tecnología muy cara podía producirse para el consumo masivo en forma de juguete, llegamos a los Mindstorms de Lego, otro ejemplo de cómo los conocimientos tecnológicos y de ingeniería pueden difundirse a través de kits modulares, robots de bricolaje personalizables y totalmente programables. En forma de juego, o mejor dicho, de juguete.
Go Nagai lo remata con sus superrobots, como Jeeg y Goldrake, capaces de dar forma a las fantasías de una generación a base de alabardas espaciales y rayos gamma; no solo ablanda algunos corazones melancólicos, sino que reitera el concepto: ¿qué son los

robots sino el ejemplo, antropomórfico en su mayor parte, de pulsiones, miedos y sueños incluso en antítesis? Mazinga, Ma-Jin-GO! en japonés, significa 'dios y demonio juntos', y no es casualidad que simbolice una estirpe de guerreros atómicos que llegaron después de Hiroshima y Nagasaki.
Porque aunque Robot. Cómo llegó a nuestras vidas *parezca contar caprichos y objetos poco útiles, en realidad no hace más que celebrar la capacidad de ir siempre más allá de nuestros propios límites. Desde el interior de nuestras vidas hasta el infinito (y más allá). Quién sabe, quizás esperando que la realidad no corra tanto que alcance, a riesgo de agotarla, nuestra imaginación. Nuestra capacidad de imaginar el robot nunca antes pensado.*
O con el deseo de que, en ese momento, el robot nunca antes imaginado, pero de repente capaz de caminar entre nosotros, siga siendo, y siempre sea, más humano que los humanos.

Emilio Cozzi
Septiembre de 2024. Milán. Colonia terrestre.

página siguiente EN LA MARAVILLOSA *METRÓPOLIS* DE FRITZ LANG DE 1926, EL LOCO PROFESOR ROTWANG TRANSMITE EL ASPECTO EXTERIOR DE LA BELLA MARÍA AL ANDROIDE EN SEGUNDO PLANO.

Rudolf Klein-Rogge

Metr

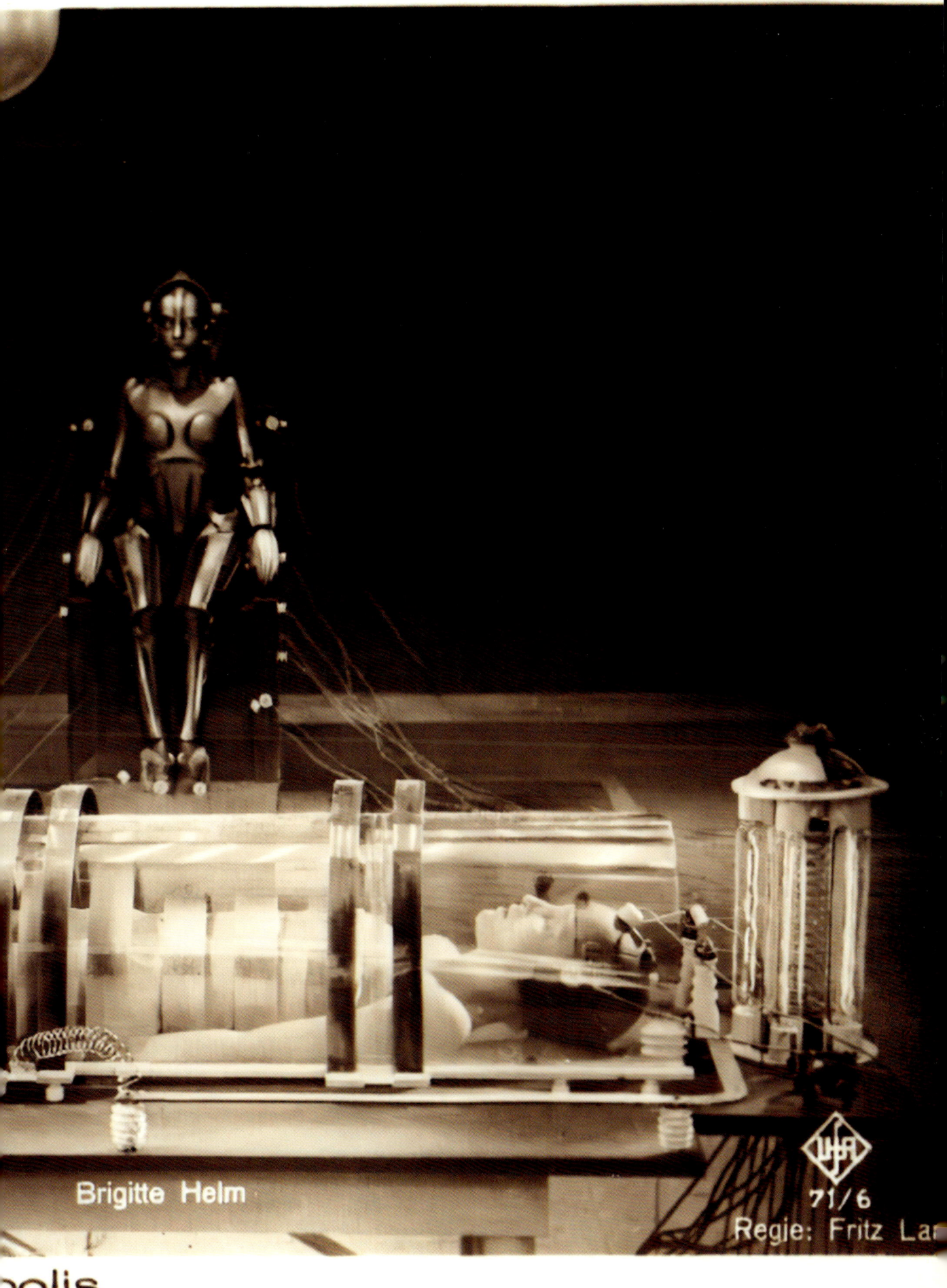

Brigitte Helm

UFA

71/6

Regie: Fritz Lan

polis

abajo EL PRIMER ROBOT HUMANOIDE RADIOCONTROLADO EN ITALIA, EMIGLIO, ESTABA EQUIPADO CON MANOS PRENSILES Y PIES CON ORUGAS QUE LE PERMITÍAN MOVERSE.

GIOCHI PREZIOSI

ÍNDICE

página siguiente DESDE LOS DE LATA, A LA DERECHA, HASTA LOS ALTAMENTE TECNOLÓGICOS COMO EL NUEVO DE LA JAPONESA ZMP, A LA IZQUIERDA, TODOS LOS ROBOTS HAN TRATADO DE CAPTAR NUESTRA ATENCIÓN, SOBRE TODO A NIVEL ESTÉTICO.

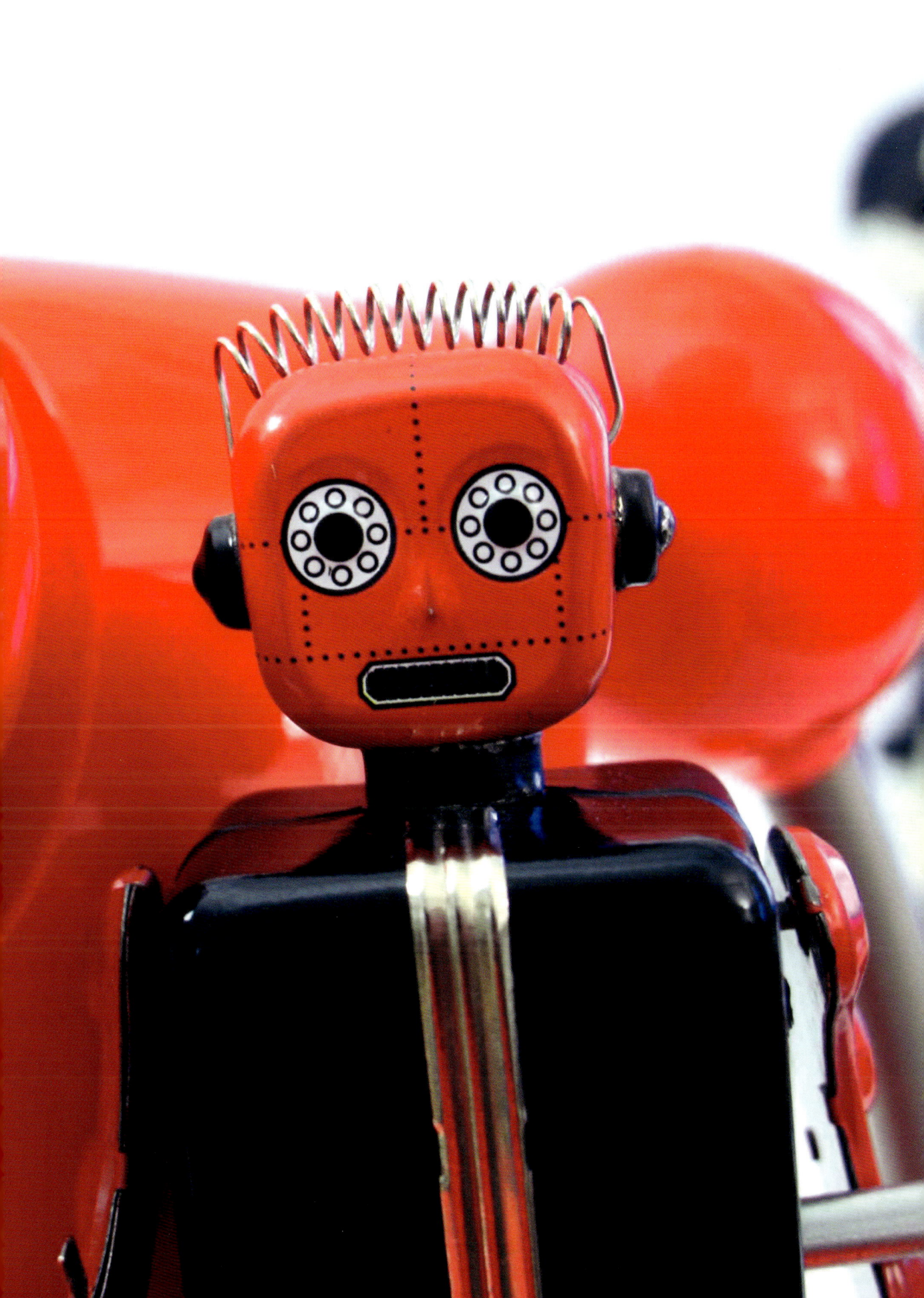

INTRODUCCIÓN

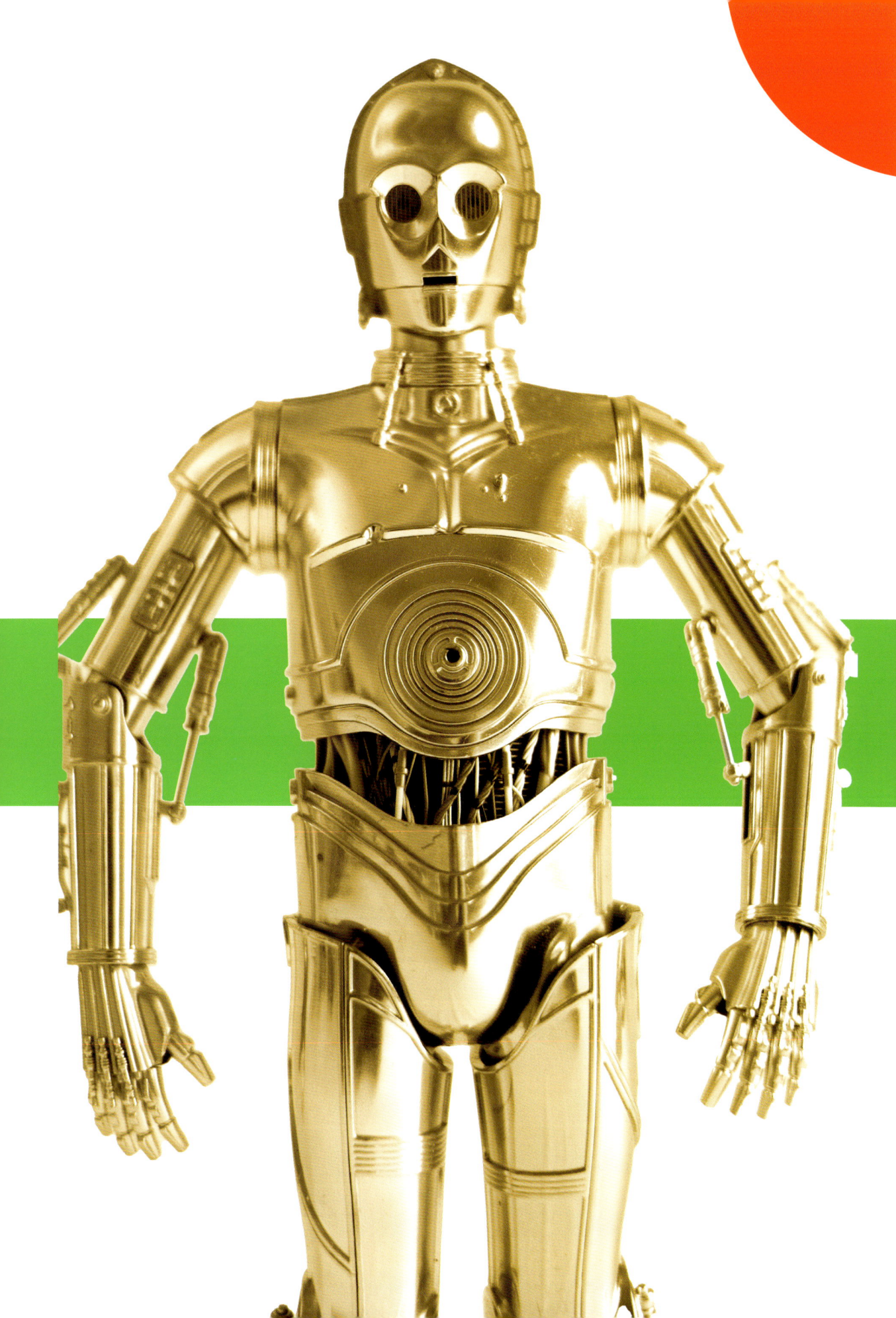

Robots. A todo el mundo le gustan los robots. Y todo el mundo conoce a los robots. Hagamos una prueba: preguntemos a nuestros amigos si conocen alguno y cuáles. Seguramente te dirán que les encantan y mencionarán a la inolvidable pareja de droides que aparecían en *Star Wars*, R2-D2 y C-3PO, te hablarán de Terminator o se pondrán melancólicos al recordar al inmenso Robin Williams en *El hombre bicentenario*. Alguno se echará unas risas pensando en Bender de *Futurama* y su infalible puro, mientras que pocos, por desgracia, mencionarán a la doctora Susan Calvin, la robopsicóloga de la saga de robots del visionario Isaac Asimov.

Pero prosigamos con nuestra pequeña encuesta y preguntemos a nuestros amigos si tienen un robot en casa y con qué propósito. Con la mirada perdida, alguno nos hablará de un juguete a pilas o de muelles que le regalaron de niño, y solo unos pocos amantes de la tecnología confesarán haber comprado un juguete robot más avanzado en los últimos años, como el fantástico Robosapien o el perrito AIBO de Sony.

Hay un porqué. Porque los robots pertenecen a nuestro imaginario colectivo. Los robots aún no existen, no han entrado en nuestros hogares salvo en forma de juguete, pero los hemos anticipado tanto con nuestra imaginación que nos pertenecen íntimamente. La literatura, el cine, los dibujos animados y la cultura pop, por no hablar del anime japonés, han imaginado robots de todo tipo: autómatas de compañía, gigantescos behemoths guerreros de acero, droides de protocolo multifuncional, muñecas sexuales, replicantes y androides mudos. Buenos o malos, antropomorfos o insectoides, alienígenas o terrestres, siempre hemos imaginado construir nuestros propios dobles mecánicos. La idea de un ser mecánico con el que interactuar nos pertenece tan íntimamente que parece inherente a nuestra naturaleza. De hecho, desde siempre, el

humano parece llevar consigo el deseo de replicarse a sí mismo a través de la materia. Ya sea un capricho de omnipotencia o tal vez un punto de contacto con aquel que nos creó a su imagen y semejanza con un puñado de barro bíblico, no podemos saberlo, y sigue siendo uno de los misterios de la robótica. Pero mientras esperamos que la tecnología, la de verdad, nos dé la oportunidad de construir realmente nuestras propias réplicas conscientes, nos hemos limitado sobre todo a imaginar que lo hacemos. Mary Shelley, instada por su pretencioso marido a probar suerte como escritora, se anticipó con creces con su *Frankenstein*, la primera criatura artificial que escapó al control de su creador y que precedió a los borgs y los replicantes. Y si tenemos en cuenta que la fantasía siempre ha sido capaz de anticiparse a la realidad, es probable que el futuro nos depare algunas agradables sorpresas.

Muchos científicos, que trabajan y estudian día y noche en el mundo de la robótica, no estarán de acuerdo con lo que escribimos y ya podrán mostrarte prototipos de humanoides capaces de llevar a cabo acciones cada vez más complejas. Esto es innegable, como es innegable que estos prototipos que cuestan millones de dólares aún no se puedan comprar. Por lo tanto, no entran en nuestras casas y su potencial no repercute en nuestras vidas. Ocurre lo contrario con los robots de trabajo: existen las aspiradoras, trituradoras y cortacéspedes, pero no hacen mucho más que un electrodoméstico al uso, por no hablar de que, desde luego, no tienen mucha personalidad para interactuar y comunicarse con nosotros. Al igual que los millones de robots de trabajo, están los gigantescos brazos mecánicos que cada día ayudan a los humanos en las cadenas de montaje o en logística. Pero ese es otro tema.

Porque a nosotros nos interesan los robots de verdad, las criaturas empáticas y comunicativas con los humanos, con los que soñamos desde la infancia. Como el Pinocho de Collodi.

PINOCHO

el arquetipo de robot

1

El Pinocho de Collodi, nuestro Pinocho, objeto de estudios académicos en universidades de todo el mundo, es reconocido por representar el arquetipo de robot moderno y la culminación de nuestros sueños. De hecho, es una máquina, una marioneta de madera, que aspira a la vida, a convertirse en un niño de carne y hueso. Porque el robot es en realidad un himno a la vida, una celebración de lo que la máquina nunca podrá tener, nuestro mayor don: la vida. Desde esta perspectiva, el robot no es un obstáculo para el humano, no se celebra a sí mismo ni a la tecnología con la que fue construido. El robot es una celebración de su creador, el hombre, y pone de relieve el inalcanzable milagro de la vida. Pero la comprensión de esta afirmación nunca nos ha resultado fácil, y en el futuro probablemente formará parte de nuestra vida cotidiana, tal y como la ciencia ficción ya ha anticipado ampliamente.

La historia de Pinocho es una evolución, una transformación progresiva que lo lleva de ser un simple constructo mecánico a un niño de carne y hueso. Pero para lograrlo, deberá ser bueno y atenerse a la sabia guía del hada azul y de Pepito Grillo. ¿No es esta una precisa metáfora anticipada de nuestros miedos hacia la evolución de la tecnología? Los robots y la inteligencia artificial pueden darnos miedo solo si no se utilizan bien, si escapan de nuestro control. Pero el miedo a perder el control es un miedo reconocidamente humano que trasciende la relación con la tecnología: tenemos miedo de lo que creemos que no podemos controlar, de lo que no podemos prever. No es casualidad que el propio Collodi hubiera pensado dar un final diferente a la fábula de Pinocho, que preveía la muerte de nuestro héroe convertido en humano. Fue una especie de insurrección popular, de todos aquellos que ya habían leído la novela, la que convenció al autor de darle el final feliz que todos conocemos hoy. Y este maravilloso final feliz demuestra que nuestro amor por las máquinas pensantes y la tecnología prevalecerá sobre nuestro lado irracional: por mucho que podamos temerles, la razón nos dice que las máquinas son hijas de nuestra infinita creatividad y merecen acompañarnos hacia el futuro.

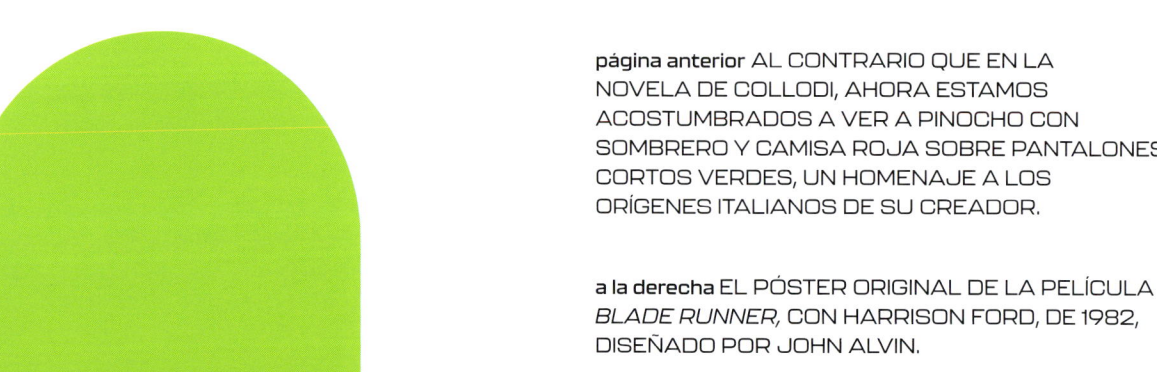

página anterior AL CONTRARIO QUE EN LA NOVELA DE COLLODI, AHORA ESTAMOS ACOSTUMBRADOS A VER A PINOCHO CON SOMBRERO Y CAMISA ROJA SOBRE PANTALONES CORTOS VERDES, UN HOMENAJE A LOS ORÍGENES ITALIANOS DE SU CREADOR.

a la derecha EL PÓSTER ORIGINAL DE LA PELÍCULA *BLADE RUNNER,* CON HARRISON FORD, DE 1982, DISEÑADO POR JOHN ALVIN.

Un destino que no comparte el célebre replicante Roy Batty de *Blade Runner*, de Ridley Scott, quien, tras «haber visto cosas que vosotros, los humanos...», es lanzado al abismo, como lágrimas en la lluvia, por el inolvidable Rick Deckard, interpretado por un joven Harrison Ford enfundado en su cazadora negra de cuero. Es la pesimista interpretación del visionario escritor Philip K. Dick en su relato *¿Sueñan los androides con ovejas eléctricas?*, de 1968, en el que anticipa la idea de que, en un futuro no tan lejano, la plaga del racismo, el miedo a lo diferente, podría extenderse también a las máquinas pensantes, esos androides tan perfectos que desarrollan una ética superior a la humana.

Un concepto que también aborda Osamu Tezuka, el famoso «padre del manga». Los populares cómics japoneses que, con su obra más famosa, *Atom*, conocida entre nosotros como *Astro Boy*, está profundamente influenciado —e inspirado— por el cuento de Collodi. Su historia narra, de hecho, la vida de un solitario científico, el doctor Tenma, quien, víctima de la culpa por la muerte de su joven y único hijo, decide, como un moderno Geppetto, construir una copia mecánica y electrónica de él para preservar su memoria. Por su cuenta, Tenma descubrirá que Atom es, sí, igual a su hijo, más fuerte que su hijo y capaz de hablar como su hijo, pero le falta vida. Una revelación que lo llevará a repudiar al pequeño robot en una especie de psicodrama típico japonés.

arriba ASTRO BOY (EN JAPONÉS: *TETSUWAN ATOMU*), EL NIÑO ROBOT CON SENTIMIENTOS HUMANOS CREADO POR OSAMU TEZUKA.

Pero Astro Boy no es el único homenaje a Pinocho en la historia de la animación japonesa. Pocos años después del trabajo de Tezuka, nace Tetsujin 28: un gigantesco «hombre de hierro» (*Tetsujin*, en japonés) construido para salvar al Imperio japonés durante la Segunda Guerra Mundial. Fue diseñado por Mitsuteru Yokoyama en 1956. Es corpulento y torpe, se controla desde el exterior con un gigantesco mando a distancia y rinde homenaje a Pinocho por su característica nariz puntiaguda en el centro del rostro.

La misma nariz y el mismo nombre también para Pino, una obra maestra de la robótica real de la empresa japonesa ZMP, uno de los primeros androides nunca antes creados y, por ello, ganador de innumerables premios a principios de los años 2000. Desde el 2000 hasta el 2006 se desarrollaron diferentes versiones de la plataforma robótica Pino, cada vez más avanzadas, basadas en Linux. Y aunque su difusión fuera de los ámbitos de estudio e investigación estuvo limitada por su elevadísimo coste, quedó grabado en la memoria colectiva por su parecido con Pinocho. Por esta razón, en Japón se creó una línea de juguetes robóticos inspirada en él, producida por Tsukuda, que incluía desde peluches hasta un verdadero robot interactivo capaz de caminar, el Pino DX, para permitir que todos los niños (y adultos) pudieran tener un Pino en casa.

a la izquierda EL ROBOT PINO, DESARROLLADO POR LA EMPRESA JAPONESA ZMP, DISEÑADO CON FINES EDUCATIVOS Y DE INVESTIGACIÓN.

página siguiente LA ESTATUA DE TETSUJIN 28 EN LA CIUDAD JAPONESA DE KOBE, SÍMBOLO DE PROTECCIÓN CONTRA LOS TERREMOTOS.

2

ISAAC ASIMOV

y sus tres leyes de la robótica

1 Un robot no hará daño a un ser humano ni, por inacción, permitirá que un ser humano sufra daño.

2 Un robot obedecerá las órdenes dadas por los seres humanos, excepto si tales órdenes entraran en conflicto con la Primera Ley.

3 Un robot protegerá su propia existencia siempre y cuando dicha protección no entre en conflicto con la Primera o la Segunda Ley.

Corría el año 1942. Los ordenadores no existían, Internet ni siquiera se había imaginado y los robots, exclusivamente literarios debido a la escasa tecnología disponible, eran todos absolutamente malvados. Malvados porque sufrían ese «complejo de Frankenstein», según el cual un ser creado por el hombre terminaba rebelándose contra su creador: el humano.

Una tradición que iba a interrumpirse bruscamente cuando el escritor Isaac Asimov, quien de hecho inventó la robótica moderna, la que hoy define nuestro imaginario colectivo, se inventó las tres leyes de la robótica desde cero. Las inventó como diversión y para desafiarse en una serie de relatos que estaba escribiendo (*Yo, Robot*). Como escritor, pero también

página anterior ASIMOV TENÍA UN COCIENTE INTELECTUAL DE 160 (TAMBIÉN FUE PRESIDENTE HONORARIO DE MENSA) Y UN DOCTORADO EN QUÍMICA.

a la derecha 1950: LA PRIMERA PORTADA DE LA ANTOLOGÍA DE ASIMOV *I, ROBOT,* QUE INCLUYE TODOS LOS RELATOS ESCRITOS EN LOS DIEZ AÑOS ANTERIORES.

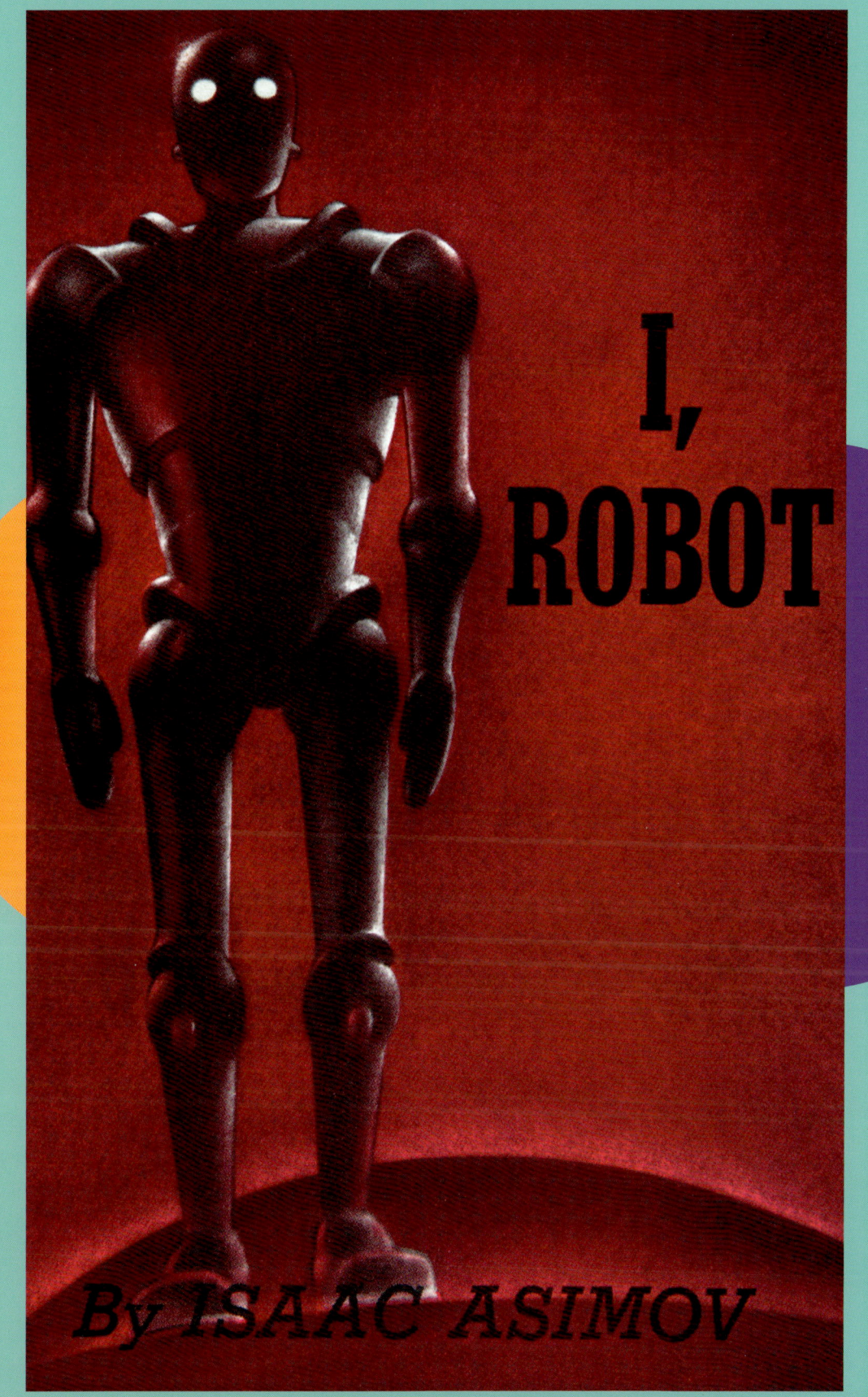

I,
ROBOT

By ISAAC ASIMOV

como aficionado a la enigmatología, Asimov buscaba un método, lógico e impecable, que de alguna manera pudiera regular la vida y el campo de acción de una máquina pensante. Y las tres leyes constituían un círculo perfecto en el que cada una limitaba la libertad dejada por la anterior. Una construcción tan perfecta y equilibrada que desafiaba al genio del autor a descubrir sus límites, cada uno de los cuales está representado por un relato de la colección que narra comportamientos anómalos e inescrutables de estos inolvidables autómatas con cerebro positrónico. Enigmas confiados al personaje de la robopsicóloga Susan Calvin, destinada a descubrir su solución imposible.

Ochenta y dos años después de haber sido escritos, los relatos sobre robots de Asimov siguen siendo de una actualidad asombrosa, además de una joya de la literatura de ciencia ficción, entreteniendo y emocionando al lector como si fueran algo más que meros ejercicios de lógica y puro producto de la fantasía.

Continúa siendo aún más sorprendente pensar que hoy estas mismas tres leyes de la robótica se han convertido en los fundamentos de la ciencia, de lo que se ha llamado roboética.

Con el nacimiento de las verdaderas inteligencias artificiales y de las verdaderas máquinas pensantes, los expertos de la Unión Europea están trabajando para entender cómo regular la libertad de pensamiento y comportamiento de esta nueva realidad que ya es inminente. Pongamos un ejemplo, el más sencillo, pensando en un coche de conducción autónoma. En el caso de que no se pueda evitar un accidente, ¿deberá el automóvil proteger al conductor del vehículo o a los peatones, entre los que se encuentra una madre con su hijo? Estamos hablando de responsabilidades enormes que dejaríamos tomar a un cerebro electrónico y, antes de hacerlo, queremos asegurarnos de que la decisión que tome sea la correcta. ¿Cómo hacemos esto? Pues partiendo de las mismas tres leyes de la robótica de Asimov, eso sí, adaptadas a cada posible situación. Es increíble pensar cómo algo escrito por puro entretenimiento y hace tanto tiempo pueda algún día convertirse en parte de nuestro día a día. Como también es increíble que el mismo autor, en 1985, quisiera añadir una cuarta ley, llamada «Ley Cero». Casi presagiando que algún día la íbamos a necesitar:

Un robot no puede causar daño a la humanidad o, por inacción, permitir que la humanidad sufra daño.

a la izquierda UNA ESCENA DE LA PELÍCULA *YO, ROBOT*, DIRIGIDA EN 2004 POR ALEX PROYAS. EL TÍTULO ESTÁ INSPIRADO EN LA ANTOLOGÍA HOMÓNIMA DEL ESCRITOR DE CIENCIA FICCIÓN ISAAC ASIMOV, EN LA QUE SE DESCRIBEN LAS TRES LEYES DE LA ROBÓTICA QUE, EN LA PELÍCULA, REGULAN LA RELACIÓN ENTRE HOMBRES Y ROBOTS.

página siguiente ASA BUTTERFIELD INTERPRETA A HUGO CABRET EN LA PELÍCULA HOMÓNIMA DE MARTIN SCORSESE: UN HOMENAJE AL PADRE DEL CINE DE CIENCIA FICCIÓN, GEORGE MÉLIÈS.

3

AUTÓMATAS MECÁNICOS

y animatrones

Sentirse casi como un dios. Este debe de haber sido el impulso que llevó a los humanos, desde la época más lejana, a animar una criatura artificial: un doble que pudiera acompañar a la humanidad y al que se pudiera instruir para ejecutar órdenes a su antojo. Los primeros trazos ya se encontraron en la mitología de la Grecia clásica, empezando por el mito en el que Atenea sugiere a Cadmo que siembre los dientes del dragón que mató. De esa tierra surgen hombres armados artificiales, los espartos, que ayudarán a Cadmo a fundar una ciudad, como había predicho el oráculo de Delfos. En las fraguas de Hefesto, el dios del fuego, trabajaban auténticos sirvientes mecánicos con forma humana. Pero si la mitología encuentra espacio en la imaginación, la realidad nos lleva a Arquitas de Tarento (428 a. C.), filósofo, político y matemático griego, considerado el padre de la mecánica. A él se le atribuyen muchas invenciones, entre ellas la paloma de Arquitas: una máquina con forma de ave que, según parece (aunque aún no se conoce con certeza su funcionamiento), contenía en su interior una válvula cerrada con una bolsa llena de aire. Una vez colocada en una rama y abierto el tapón, la paloma mecánica, gracias a la propulsión del aire, batía las alas y se desplazaba a otra rama, dando así la impresión de cobrar vida.

Pero fue Italia la que transformó el mito en realidad. Hacia 1495, Leonardo da Vinci diseñó el *Caballero autómata*, el prototipo de un robot con armadura cuya finalidad era tanto animar las fiestas en el Castillo Sforzesco, maravillando a los invitados con sus movimientos automáticos, como, en caso de ataque, confundir a los enemigos apostados en la cima de las torres. Asimismo, en 1515 diseñó un león de tamaño real capaz de caminar. De estos autómatas mecánicos solo nos han quedado bocetos de diseño, pero, gracias a ellos, algunos investigadores han podido reconstruirlos y exponerlos en varios museos itinerantes dedicados al genio renacentista.

página anterior LOS EFECTOS ESPECIALES ANIMATRÓNICOS DE CARLO RAMBALDI Y EL MAQUILLAJE DE RICK BAKER DIERON VIDA A UN INCREÍBLE *KING KONG* EN 1976.

a la derecha LA RECONSTRUCCIÓN DEL CABALLERO MECÁNICO IDEADO POR LEONARDO DA VINCI ALREDEDOR DE 1495, DISEÑADO PARA ANIMAR LAS FIESTAS DE LOS SFORZA Y ASUSTAR A LOS ENEMIGOS EN CASO DE ATAQUE.

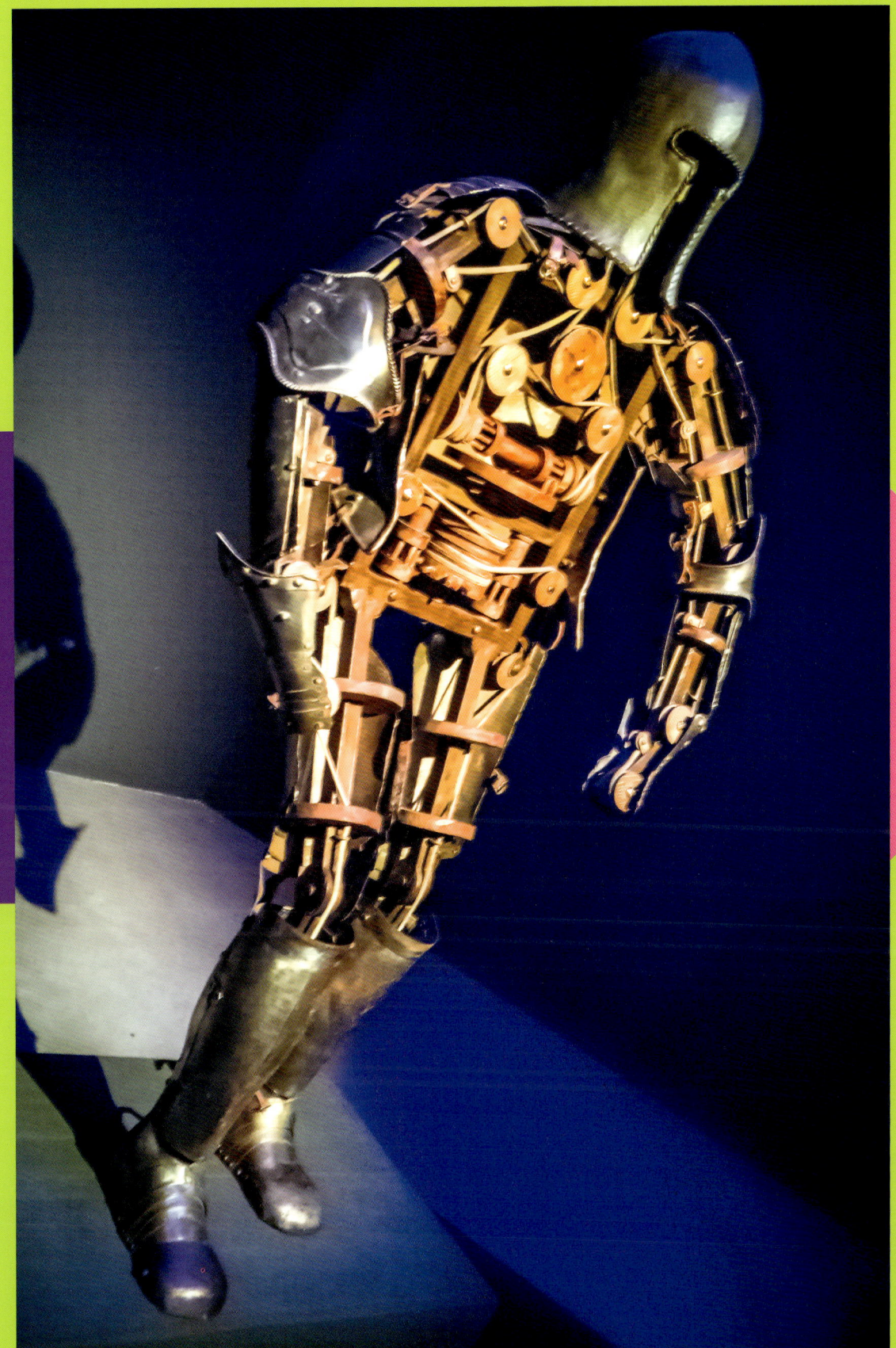

La cultura japonesa tiene todo el mérito de haber puesto de moda los «robots». En Japón, durante el período Edo (1603-1867), eran muy populares las Karakuri Ningyo, una especie de marionetas animadas por palancas, ruedas y levas. El significado del nombre refleja el propósito de estas figuras: la palabra *ningyo* está compuesta por dos ideogramas que significan 'forma' y 'persona', mientras que *karakuri* se traduce como 'mecanismo' o 'truco capaz de sorprender'. Un *Karakuri* clásico representa a una marioneta que sostiene una bandeja y se activa cuando se coloca una taza de té sobre ella. La marioneta da unos pasos e inclina la cabeza para ofrecer la bebida. Al levantar la taza de la bandeja, la marioneta vuelve a levantar la cabeza, se da la vuelta y se retira. Se utilizaba para sorprender a un invitado, pero también existían otros tipos destinados a representaciones religiosas, en las que encarnaban los mitos tradicionales. Entre estas destaca el famoso arquero, un autómata capaz de coger una flecha, colocarla en el arco, tensarlo, apuntar y acertar en un blanco. Este movimiento se repite hasta cuatro veces gracias a un peso previamente cargado que, por efecto de la gravedad, pone en marcha el mecanismo. Funciona de manera muy similar a un reloj de cuco. El rasgo común de estas creaciones es el sentido de misterio que surge de su animación mediante una tecnología oculta. En este aspecto, los relojeros suizos y franceses del siglo XVIII eran auténticos maestros.

Un ejemplo son los tres famosos autómatas: el *escribiente*, el *dibujante* y la *organista*, que fueron construidos en La Chaux-de-Fonds entre 1768 y 1774 por un trío de relojeros excepcionales: Pierre Jaquet-Droz, su hijo Henri-Louis y Jean-Frédéric Leschot. Después de recorrer Europa, los donaron el 1 de mayo de 1909 a la ciudad de Neuchâtel. Desde entonces, son la pieza central del Museo de Autómatas de esta localidad suiza. Se trata de tres autómatas independientes, de aproximadamente 80 cm de altura, capaces de realizar diferentes acciones de forma automática tras ser cargados. El escribiente sumerge la pluma en un tintero y comienza a escribir en una hoja una frase de hasta cuarenta caracteres, incluyendo espacios, previamente programada. Al ser programable (las letras que determinan los movimientos se colocan una a una en una rueda dentada), puede escribir cualquier mensaje. El *dibujante* es capaz de hacer cuatro dibujos distintos y, gracias a un fuelle oculto en la boca, puede soplar el exceso de grafito del papel. La organista puede tocar un órgano de verdad en miniatura, moviendo los dedos sobre las teclas como si fuera una persona real.

a la izquierda UNA VERSIÓN DEL AUTÓMATA YUMI-HIKI DOJI, DISEÑADO POR EL INVENTOR Y ARTESANO JAPONÉS HISASHIGE TANAKA EN 1800. ESTE AUTÓMATA ES CAPAZ DE SACAR LAS FLECHAS DEL CARCAJ SITUADO DELANTE DE ÉL Y LANZARLAS DE MANERA COMPLETAMENTE MECÁNICA.

De esa época también debemos recordar al famosísimo pato del inventor y mecánico francés Jacques de Vaucanson. Este autómata, hecho de cobre dorado y compuesto por cientos de piezas, fue diseñado para simular el comportamiento de un pato real, incluso con las mismas dimensiones. Podía graznar emitiendo sonidos similares a los de un pato vivo, simular con sus patas el movimiento de nado, acicalar sus plumas, y lo más sorprendente: era capaz de ingerir comida y luego expulsarla «digerida» de forma mecánica.

Hablando de relojeros creadores de autómatas, no podemos olvidarnos de mencionar *el Reloj del Pavo Real*, un mecanismo extraordinario creado por el empresario James Cox y adquirido por la zarina Catalina la Grande en 1871. Este reloj representa un jardín donde, al marcar la hora, se activan una serie de mecanismos: campanillas, una jaula que gira doce veces, un búho que mueve la cabeza y un pavo real que despliega su cola en todo su esplendor.

Esta es solo una pequeña muestra de la vasta galería de maravillas mecánicas que han marcado la historia de la robótica. No podemos olvidar los clásicos hombres de hojalata a cuerdas, que con sus antenas y luces han simbolizado a los robots en el imaginario colectivo del siglo XX.

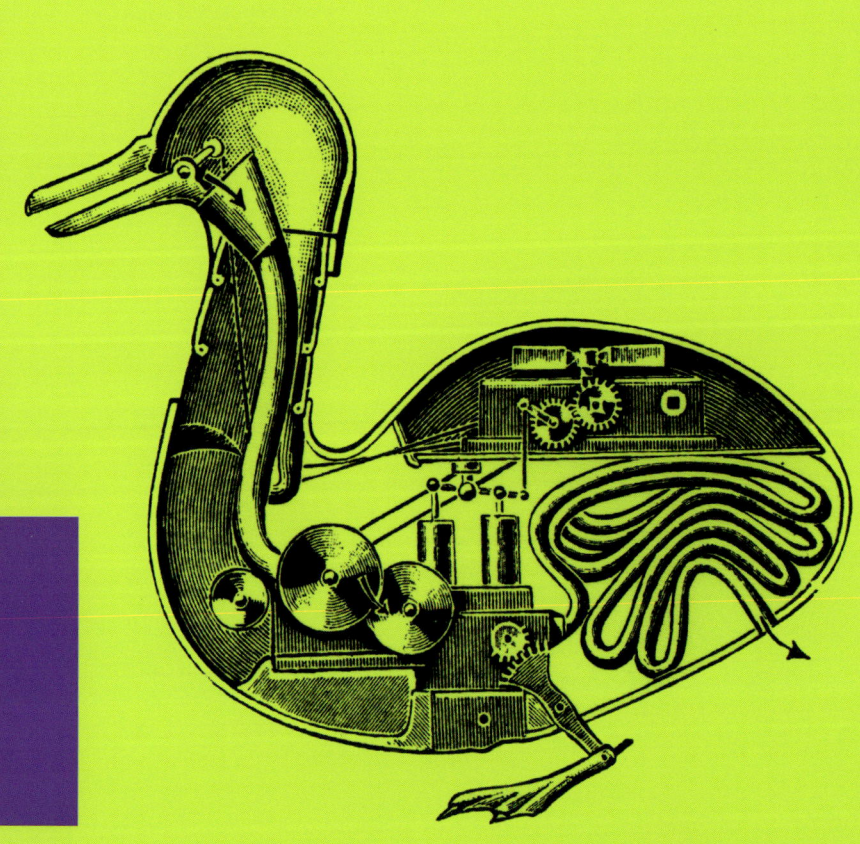

a la izquierda EL ESQUEMA DEL PATO MECÁNICO DE JACQUES DE VAUCANSON. EL AUTÓMATA, HECHO DE COBRE DORADO Y COMPUESTO POR CIENTOS DE PIEZAS, FUE DISEÑADO PARA SIMULAR EL COMPORTAMIENTO DE UN PATO REAL, CAPAZ DE TRAGAR LA COMIDA Y LUEGO EXPULSARLA «DIGERIDA» DE FORMA MECÁNICA.

a la derecha *EL RELOJ DEL PAVO REAL*, FABRICADO POR EL EMPRESARIO JAMES COX Y ADQUIRIDO POR LA ZARINA CATALINA LA GRANDE EN 1871. EL RELOJ REPRESENTA UN JARDÍN EN EL QUE, AL MARCAR LA HORA, SE ACTIVAN UNA SERIE DE MECANISMOS: LAS CAMPANILLAS, UNA JAULA QUE GIRA DOCE VECES, UN BÚHO QUE MUEVE LA CABEZA Y UN PAVO REAL QUE SE PAVONEA.

El Turco: la leyenda del jugador de ajedrez

En el siglo XVIII, época de la Ilustración y de asombrosos avances tecnológicos, se hizo muy famoso un autómata capaz de jugar al ajedrez: *El Turco*. Se llamaba así por su apariencia de hombre de Oriente Medio, con turbante incluido. Fue ideado por Wolfgang von Kempelen y presentado en la corte de María Teresa de Austria, para después ir recorriendo el resto de las cortes europeas.

Antes de cada partida, Von Kempelen abría las puertas una por una, mostrando a los espectadores un complejo sistema de engranajes, ruedas y cables de todo tipo, creando una impresión de gran complejidad tecnológica. Sin embargo, la realidad era muy diferente. *El Turco* no era un milagro tecnológico en absoluto, sino una muy bien planeada estafa. Dentro del autómata se escondía un hombre de baja estatura, hábilmente colocado detrás de los engranajes. Este operador humano se movía a la derecha o a la izquierda según la puerta que se abriera.

Los movimientos de las piezas durante la partida se señalaban en el tablero con unos pequeños imanes colocados debajo, lo que permitía al jugador humano reproducir las jugadas en un tablero portátil y responder moviendo el brazo móvil del autómata.

Tras la muerte de Von Kempelen en 1784, sus hijos vendieron el autómata a Johann Maelzel, famoso inventor del metrónomo. Maelzel lo continuó exhibiendo por toda Europa. En 1811, el príncipe Eugenio de Beauharnais adquirió *El Turco* por la astronómica suma de 30 000 francos. Sin embargo, decepcionado por la verdadera naturaleza del objeto, el príncipe lo revendió por la misma cantidad a Maelzel.

Durante sus viajes por el mundo, muchas personas célebres, como Benjamin Franklin en París y Edgar Allan Poe en Estados Unidos, lo estudiaron. Este último reveló la estafa en un periódico local, desvelando que un ser humano escondido en su interior manejaba el autómata. Durante sus ochenta y cuatro años de «vida», se estima que El Turco albergó como mínimo a quince genios del ajedrez.

Si *El Turco* era un híbrido, mitad autómata mitad ser humano, existe un tipo particular de autómatas llamados «animatrones», que no siguen ninguno de los cánones estéticos y de diseño de la robótica, pero cuyo único propósito es emular con precisión las características, movimientos y expresiones de los seres vivos. Replican cada uno de los numerosos músculos de la cara gracias a un pequeño motor capaz de deformar la piel del autómata, a menudo hecha de silicona, permitiendo una copia precisa, pero ilusoria, de esas expresiones, guiños y muecas que caracterizan la comunicación de los seres humanos y los demás seres. A diferencia de los androides, los animatrones no pueden caminar ni alejarse nunca del entorno específico para el que fueron diseñados. Tampoco están hechos para reaccionar a estímulos externos, ya que normalmente carecen de inteligencia artificial. Generalmente, su tarea concreta es reproducir secuencias pregrabadas de contenido, donde el habla está perfectamente sincronizado con el movimiento de los labios, las expresiones faciales y los movimientos, siempre iguales, de las extremidades del cuerpo. Se utilizan sobre todo en las *dark rides* (atracciones cubiertas en las que un sistema de transporte lleva a los visitantes por un recorrido en penumbra dentro de lugares decorados y llenos de efectos especiales) y los animatrones siguen siendo hoy en día una parte esencial para que los parques temáticos tengan éxito.

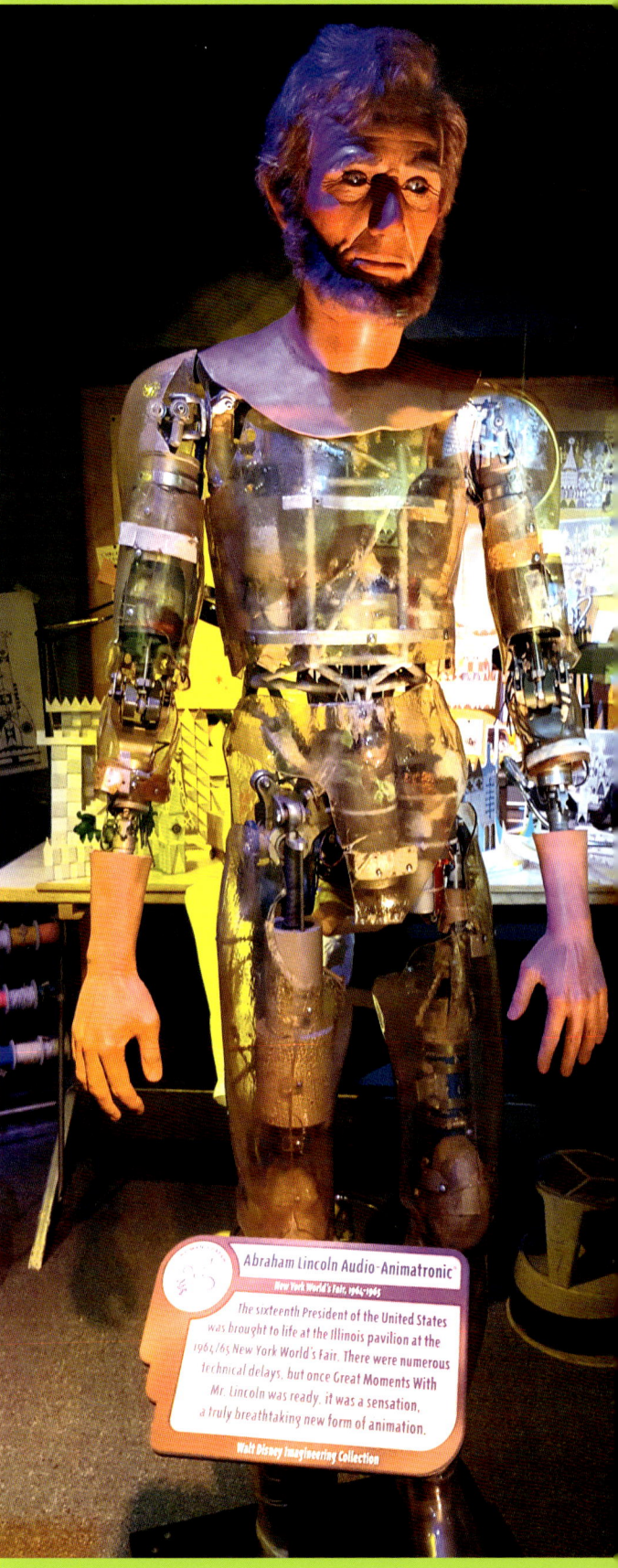

a la izquierda EL ANIMATRÓN HABLANTE DE ABRAHAM LINCOLN (SIN LA ROPA QUE OCULTA LA PARTE MECÁNICA) PARA LA ATRACCIÓN *GRANDES MOMENTOS CON EL SR. LINCOLN* EN EL DISNEY WORLD DE ORLANDO. A PARTIR DE 2025, TAMBIÉN HABRÁ UNO IGUAL DEL PROPIO WALT DISNEY, QUE CONTARÁ SU HISTORIA EN *UNA VIDA MÁGICA*.

arriba JOHNNY DEPP CARA A CARA CON SU ANIMATRÓN EN LA VERSIÓN DE JACK SPARROW, EN LA ATRACCIÓN *PIRATAS DEL CARIBE*.

Al igual que *Piratas del Caribe,* una maravillosa atracción creada mucho antes de la existencia cinematográfica del capitán Jack Sparrow, estos se encuentran repartidos en la *Mansión Encantada* en forma de fantasmas danzantes o replicando los discursos más famosos de los anteriores presidentes de los Estados Unidos en el Ayuntamiento de Disneyland. Los «Audio-Animatronics», imaginados por el propio Walt Disney para decorar su primer parque temático en 1961, y que se convirtieron en una marca registrada de Walt Disney Imagineering en 1967, se han ido sofisticando con el tiempo, desde un pequeño loro mecánico a complejos personajes como el pirata espacial Hondo Ohnaka, protagonista de una de las atracciones más recientes de *Star Wars* en Disneyland: Galaxy's Edge.

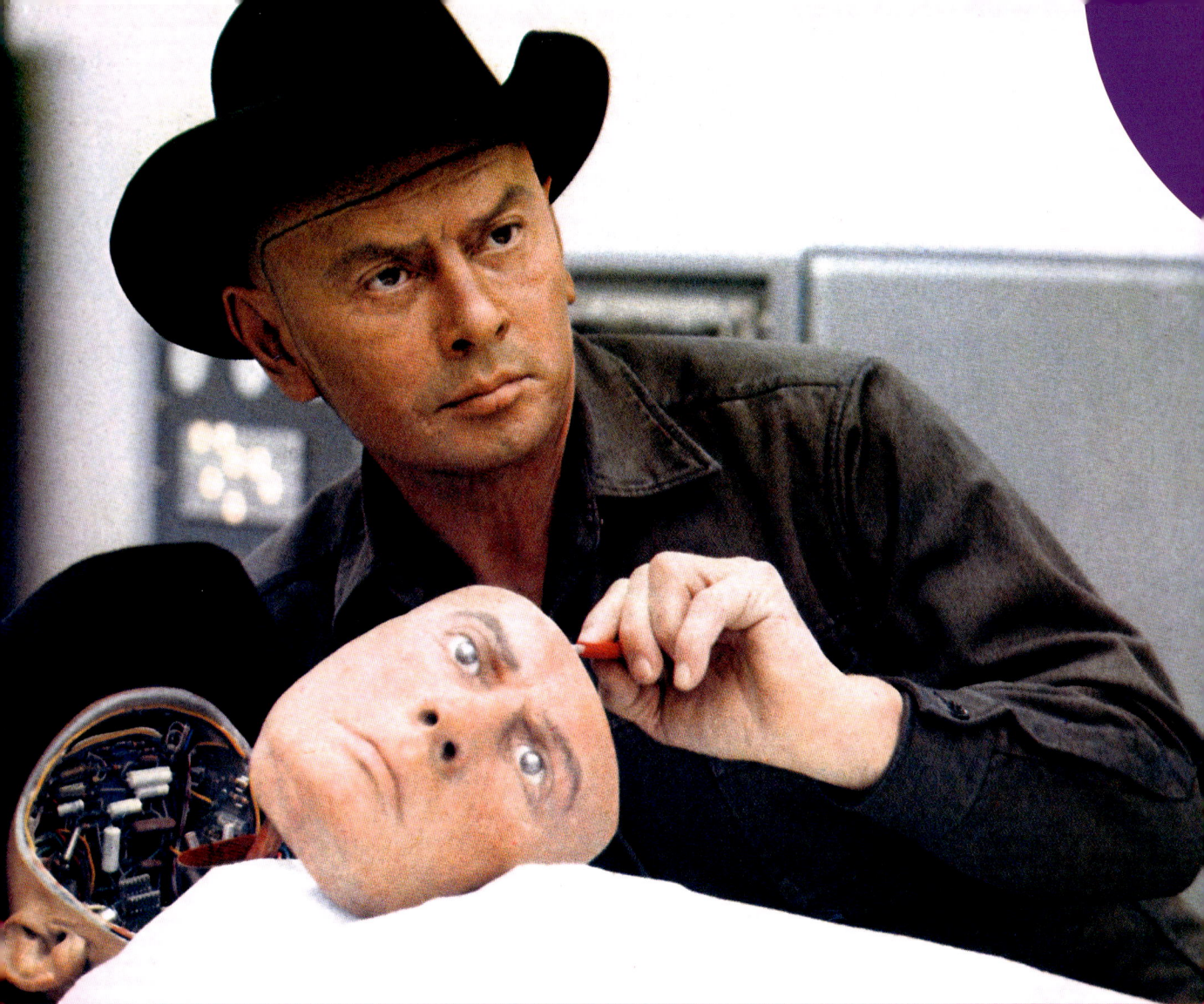

Entre las obras literarias más conocidas dedicadas a los animatrones, tenemos que destacar *Westworld* (1973), una obra maestra de la imaginación firmada por Michael Crichton, que recientemente se ha adaptado a una exitosa serie de televisión. Los animatrones de Crichton, atrapados en un parque temático, son conscientes e incapaces de repetirse infinitamente en los roles previstos, respondiendo a esta ley del caos que caracteriza muchas creaciones de la ciencia ficción.

Gracias a la iniciativa del robotista Mark Tilden, creador de la serie *Robosapien*, WowWee desarrolló dos de los mejores animatrones comerciales diseñados exclusivamente para el mercado doméstico: el busto de un orangután increíblemente expresivo, *Alive Chimp*, y la impresionante réplica de la cabeza de Elvis Presley, *Alive Elvis*, que es capaz de cantar las canciones más famosas de su homónimo fallecido y también de recitar sus famosos monólogos.

Italia triunfó en los Óscar, gracias a Carlo Rambaldi, al ganar la estatuilla a los mejores efectos especiales en 1976 con *King Kong*, de John Guillermin. Él fue el autor de los efectos animatrónicos que dieron vida al gorila gigante de 12 metros de altura, así como también, junto a Hans Ruedi Giger, creó un monstruo inolvidable como *Alien* en 1979, o un «extraterrestre» mucho más adorable como *E.T.* en 1982. Actualmente, los gráficos por ordenador hacen que construir un animatrón para crear los efectos especiales sea menos rentable económicamente, pero cabe señalar que su uso todavía se prefiere cuando, durante las grabaciones, se necesitan utilizar los efectos especiales. Incluso, hoy en día, podrías encontrarte con un animatrón creado en 1904 y reproducido en muchos modelos diferentes. Es capaz de «leer el futuro» con el movimiento de los labios, una mirada a la bola de cristal y una predicción impresa en un papel: se llama Zoltar y se puede encontrar fácilmente en muchos parques de atracciones, especialmente en Estados Unidos, y se hizo famoso en 1988 gracias a la película *Big* con Tom Hanks.

a la izquierda EL ACTOR YUL BRYNNER CON EL ANIMATRÓN DE SU ROSTRO EN LA PELÍCULA *ALMAS DE METAL (WESTWORLD)* DE MICHAEL CRICHTON.

página siguiente JEFFREY WRIGHT EN UNA ESCENA DE LA SERIE DE HBO, DE 2016, BASADA EN LA PELÍCULA DE 1976 ESCRITA Y DIRIGIDA POR MICHAEL CRICHTON.

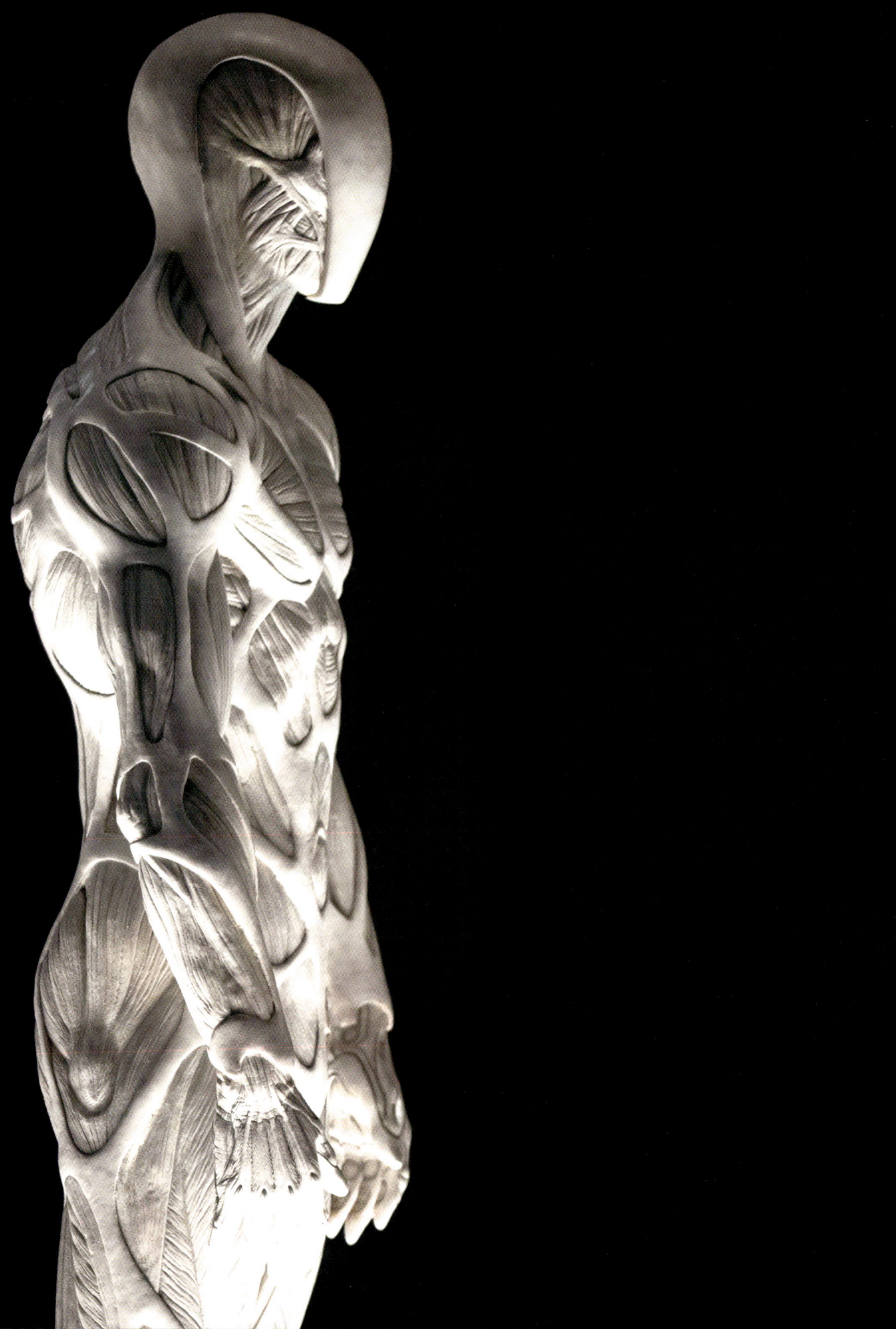

4

ROBOTS EN EL CINE

la imaginación se adelanta a la realidad

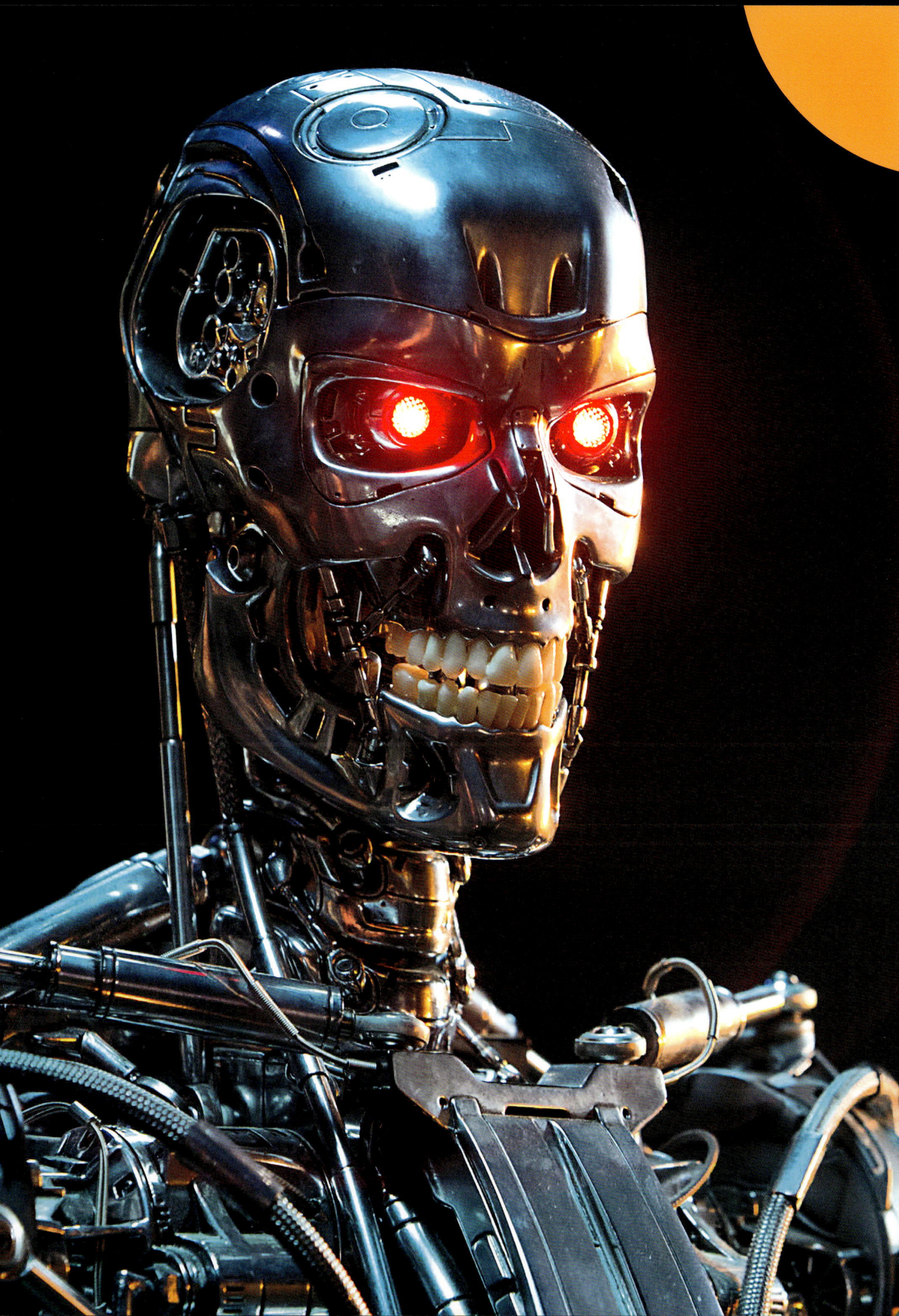

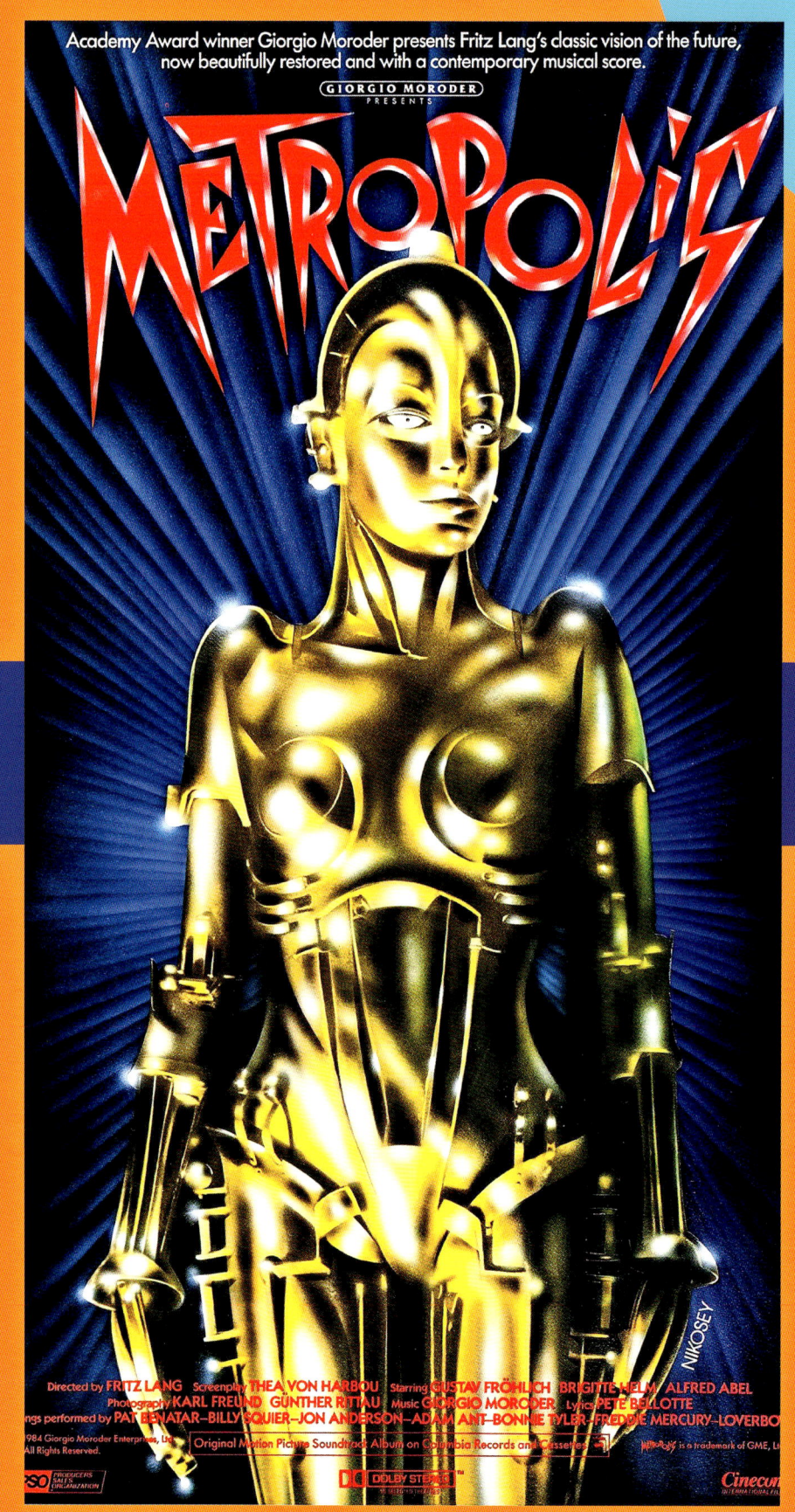

El cine ha logrado dar vida a lo que ya la imaginación y la ciencia ficción habían anticipado y soñado: los robots. El término proviene de la palabra checa *robota*, que significa 'trabajo pesado' o 'esfuerzo', y fue introducido por primera vez en 1920 por el escritor Karel Čapek en su obra de teatro *R.U.R. (Robots Universales Rossum)*. En la obra, Čapek usaba el término robot para referirse a autómatas que trabajaban en lugar de los obreros, lo que explica por qué a menudo asociamos la palabra con el concepto de trabajo mecánico o automatizado.

Siete años después, los robots debutaron en el cine con la obra maestra de Fritz Lang: *Metrópolis*. Aquí, el autómata Hel tiene un papel protagonista y una apariencia femenina metálica, que se convertirá en un símbolo de la «sensualidad cibernética», precursor de los trabajos del maestro Hajime Sorayama. La dificultad de animar de manera creíble los movimientos de la figura de acero pulido se resolvió con un truco que se repetirá en muchas películas: Hel asume la apariencia y la identidad de una mujer de carne y hueso, María, con el fin de mezclarse con los seres humanos, exactamente como ocurre con los replicantes de *Blade Runner* o los robots asesinos de *Terminator*.

Aunque se representaron en una película, desde 1942 en adelante los robots se tuvieron que enfrentar a las *Tres leyes de la robótica* que Isaac Asimov discutió y luego publicó en el relato *Círculo vicioso*. Estas leyes establecen que las máquinas dotadas de inteligencia artificial deben garantizar la seguridad (Primera Ley), ser un servicio para los seres humanos (Segunda Ley) y autoconservarse (Tercera Ley). Ya hemos hablado ampliamente de estas leyes en el capítulo dedicado al escritor y divulgador científico estadounidense, aunque nació en Rusia. Lo curioso es que estas leyes son fruto de la imaginación de un creativo, un novelista, y que la ciencia las adoptó posteriormente como dogmas de la robótica moderna, cambiando para siempre el papel y la percepción de los robots. Antes de su introducción, en 1940, existía el complejo de Frankenstein, que los retrataba como criaturas peligrosas; por primera vez, se les ve como máquinas laboriosas e inocuas, capaces de hacernos cuestionar el sentido mismo de nuestra humanidad «no replicable». Es así como aparecen en la historia del cine tantas máquinas antropomorfas inteligentes, sensibles y a menudo simpáticas, como Robby de *Planeta prohibido*, película de culto de 1956, o C-3PO, el droide protocolario de la saga *Star Wars*, cuyo aspecto recuerda a la antecesora de *Metrópolis*, en el rol de mayordomo todoterreno y, en su personalidad, remite al divertido Robby, capaz de hablar correctamente 187 lenguas. Siguiendo con Star Wars, junto a C-3PO se encuentra R2-D2, que simboliza otra categoría de robots en la ficción: los robots sobre ruedas. La fuerza de R2-D2 radica en su gran expresividad, que lo hace humano, así como su capacidad para comunicarse más allá de las palabras de una forma que no conoce fronteras: los sonidos. En particular, los creados por el diseñador de sonido Ben Burtt, quien sintetiza los gritos de niños mezclados con los pitidos de un sintetizador electrónico antiguo.

a la derecha ROBBY EL ROBOT CON LA ACTRIZ ANNE FRANCESCO EN EL PAPEL DE LA HIJA DE MORBIUS ALTAIRA EN LA PELÍCULA *PLANETA PROHIBIDO* DE 1956.

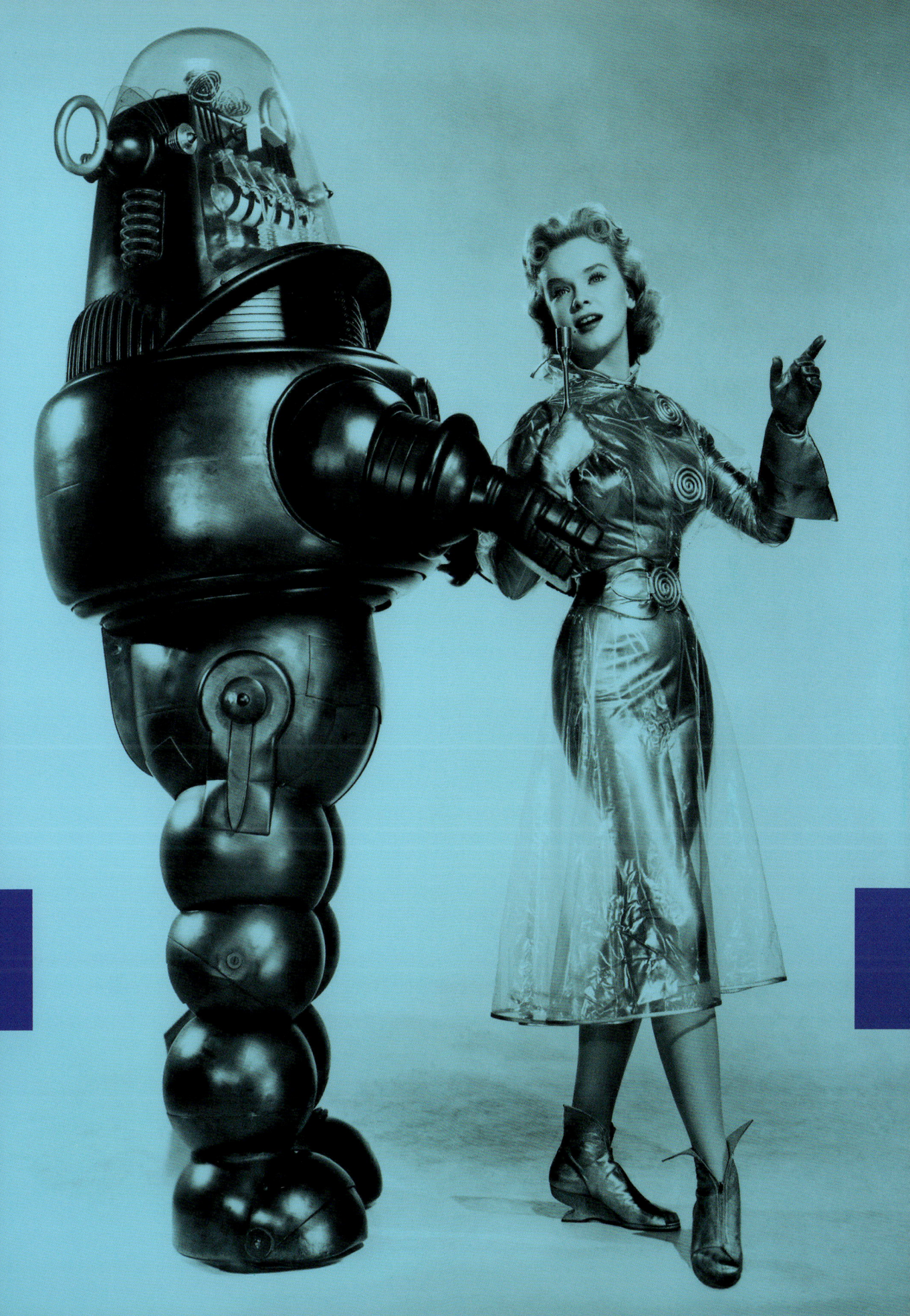

El autómata sobre ruedas reaparece en *Cortocircuito* (1986), donde el robot no solo es un personaje capaz de ganarse la simpatía del público, sino incluso ser el protagonista de una comedia. Esta evolución narrativa alcanzará su punto álgido con *Wall-E* (2008), la obra maestra de Pixar que gira completamente en torno a un robot basurero que ha sobrevivido a una catástrofe ecológica. Las similitudes estéticas con Johnny 5 de *Cortocircuito* son evidentes, pero Wall-E lleva el desarrollo de la personalidad a un nivel extremo, a pesar de carecer de una apariencia humanoide. El tema central sigue siendo el mismo: la relación entre el ser humano y su doble mecánico, capaz de poner en crisis su identidad y unicidad. Una cuestión filosófica representada de manera magistral en *El hombre bicentenario*, película de 1999 inspirada en el primer relato robótico de Isaac Asimov, en la que el robot protagonista, interpretado por un inolvidable Robin Williams, evoluciona gracias a su «cerebro positrónico» hasta experimentar emociones y sentimientos, aunque se le niega el derecho a la más humana de todas las características: la muerte.

a la izquierda WALL-E, EL ROBOT RECOLECTOR DE BASURA Y PROTAGONISTA DE LA PELÍCULA HOMÓNIMA DE PIXAR DE 2008. LOS SONIDOS DE SU VOZ FUERON CREADOS POR BEN BURTT, TAMBIÉN FAMOSO POR HABER DISEÑADO LOS DE R2-D2 EN LA SAGA DE *STAR WARS*.

página siguiente DIRIGIDA POR JOHN BADHAM EN 1986, *CORTOCIRCUITO* INSPIRÓ A LOS DISEÑADORES DE PERSONAJES DE PIXAR EN EL DISEÑO DE WALL-E, MUY SIMILAR AL NÚMERO 5, QUIEN APARECE AQUÍ JUNTO A LA PROTAGONISTA ALLY SHEEDY.

El cine ha representado a los robots de muchas formas distintas, pero a menudo con una característica común: su capacidad para volverse cada vez más autónomos hasta llegar a subvertir las órdenes de sus creadores. ¿Cómo es posible que esto suceda sin contradecir las tres leyes de Asimov?

En muchas películas, este mecanismo psicológico no es más que la proyección de nuestro innato complejo de Edipo: la necesidad de «separarse del padre» para ser finalmente libres y tener autonomía propia. Por un lado, Pinocho, en su intento de resolver su artificial complejo de Edipo, se pierde en el despreocupado e ilusorio mundo del País de los Juguetes para regresar y ajustarse a las expectativas, como cualquier padre desearía.

En cambio, en *Brian y Charles* (2022), la necesidad de independencia y el deseo de explorar el mundo del robot Charles prevalecerán sobre el deseo de «enjaularlo» en el propio mundo que Brian, su creador, le impone, como haría cualquier padre con su hijo. Por eso los robots nos pertenecen tanto, porque representan a los hijos ideales, proyecciones perfectas y eternas de nosotros mismos.

a la derecha EL ROBOT PROTAGONISTA DE LA PELÍCULA *EL HOMBRE BICENTENARIO* DIRIGIDA POR CHRIS COLUMBUS EN 1999. CON LA INTERPRETACIÓN DE ROBIN WILLIAMS, LA PELÍCULA ESTÁ BASADA EN ALGUNOS ESCRITOS DE ISAAC ASIMOV.

ROBOT

sin
tecnología

¿Pueden existir autómatas no electrónicos casi completamente desprovistos de tecnología? La historia nos dice que sí, y fue precisamente así en los lejanos años setenta.

En esa época, gracias a la popularidad mundial de películas como *Star Wars*, los droides y robots estaban en boca de todos y, como era de esperar, entre los primeros objetos de deseo de los niños. ¿Pero cómo crear máquinas como R2-D2 y C-3PO sin tecnología?

A través de la forma y el diseño. En realidad, no era necesario que fueran robots, pero sí que tuvieran forma de robot y lograran ofrecer la ilusión de ser un autómata de verdad. Un simple mando a distancia, como el de un coche teledirigido, era más que suficiente para reemplazar a una inteligencia artificial con miles de sensores electrónicos que se inventarían solo cincuenta años después. Estrictamente equipados con antenas para recordar su ascendencia mecánica y de ciencia ficción, los ojos eran bombillas incandescentes, a menudo de colores, y el movimiento se conseguía con ruedas bien ocultas o sistemas de orugas básicos. Incluso podían hablar. Reproducían mensajes grabados por los usuarios en simples casetes de audio, con algún filtro que pudiera distorsionar la voz e hiciera que sonara más mecánica. Los años setenta fueron años realmente increíbles. Se vivía proyectado en un futuro que no existía. Algunos años más tarde, los primeros ordenadores personales, que realmente hacían muy poco, adoptaron precisamente esa apariencia para parecer objetos de ciencia ficción, como si hubieran salido de un episodio de *Star Trek*. Nada que ver con el minimalismo de Apple y Sir Jonathan Ive: los robots de esa época eran barrocos, opulentos y futuristas.

La japonesa Tomy fue la reina de esta tendencia al inventar una serie de juguetes (que también disfrutaban los adultos) llamada Omnibot. El primer autómata se llamaba precisamente así, Omnibot, y destacaba por su diseño espectacular. Su forma estaba claramente inspirada en R2-D2 de *Star Wars* (o *Artú*, como lo pronuncian en inglés), personaje que George Lucas diseñó partiendo de un barril de detergente con un balón de fútbol pegado encima.

Omnibot también era teledirigido y podía moverse por la casa emitiendo sonidos y transportando objetos (como latas de refrescos) colocados en su generosa bandeja. Una simple bandeja que, aplicada a un autómata, permitía imaginar que a uno le servía un robot.

La serie de autómatas Omnibot fue extensa y marcó el imaginario de varias generaciones de niños japoneses, convencidos de que realmente tenían un robot en casa. En total, se desarrollaron hasta cuarenta y cinco modelos, algunos con forma de búho o de perro, otros capaces de repetir frases memorizadas, como si fueran loros (Chatbot), mientras que otros reproducían música y movían los

página anterior TRAS SER PROGRAMADO, EL TOMY VERBOT ERA CAPAZ DE EJECUTAR ACCIONES SENCILLAS RESPONDIENDO A COMANDOS DE VOZ.

arriba FEBRERO DE 1989: LAS ESTUDIANTES MICHELLE WEBSTER, HELEN SMITH Y SARAH JANE POTTS PASEAN JUNTO AL ICÓNICO ROBOT TELEDIRIGIDO OMNIBOT 2000, PRODUCIDO POR TOMY.

brazos como un divertido DJ mecánico (Sr. DJ desde 2003, Shaberoku en japonés), capaz de tragarse monedas y almacenarlas como una hucha autopropulsada (Mr. Money) e, incluso, de limpiar una mesa de migas y polvo, desplazándose por la superficie y agitando una escoba en miniatura (Dustbot).

Pero la obra maestra de Tomy, cuya forma icónica es fuente de inspiración para el desarrollo de tantos nuevos robots modernos, fue Omnibot 2000, un auténtico gigante de más de un metro de altura que funcionaba con la misma batería de plomo que un ciclomotor antiguo. Como evolución del Omnibot original, este contaba con una bandeja motorizada capaz de mover una lata sobre su superficie.

a la derecha EL ROBOT SHABEROKU PRODUCIDO POR TOMY QUE, GRACIAS A UN MICRÓFONO, PODÍA RESPONDER A COMANDOS VOCALES PREESTABLECIDOS.

a la izquierda EL ROBOT OMNIBOT 2000 LLEVA UN VASO DE AGUA A LA CAMA DE UNA NIÑA. EL JUGUETE TENÍA UNA GRABADORA DE CASETE INTEGRADA EN EL PECHO QUE LE PERMITÍA GRABAR MOVIMIENTOS Y COMANDOS DE VOZ PARA EJECUTAR ACCIONES PROGRAMADAS.

página siguiente MR. MONEY FUE SIN DUDA UNA DE LAS HUCHAS MÁS BONITAS Y TECNOLÓGICAS DE LA HISTORIA.

GENERACIÓN FURBY

llegan las emociones

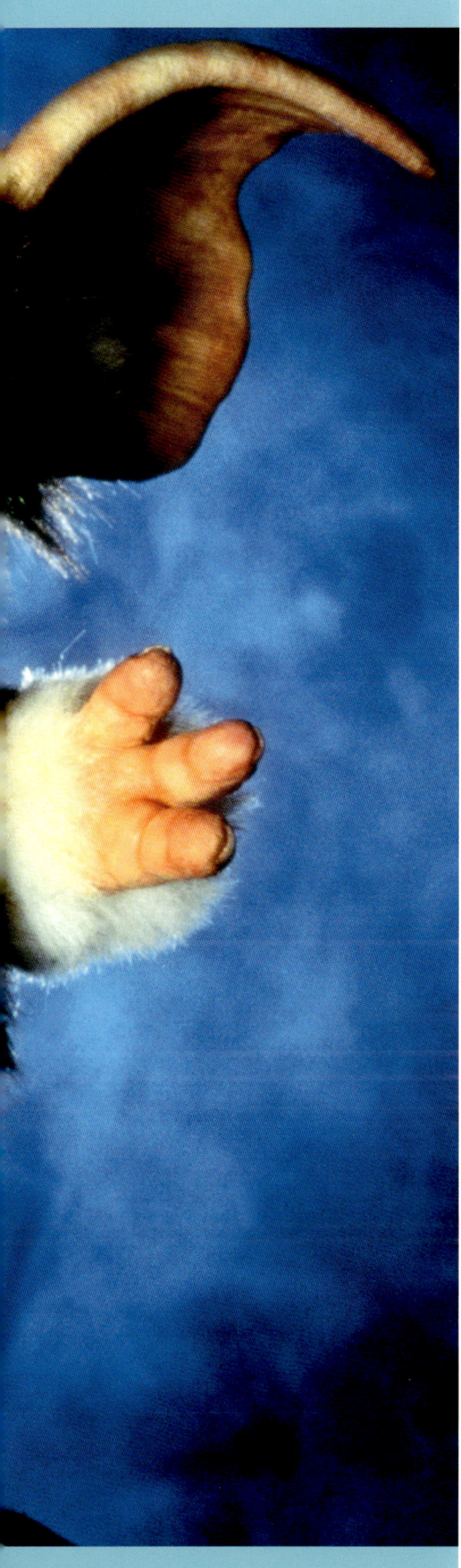

En 1998 salió al mercado un animalito peludo y adorable que logró conquistar a más de 40 millones de personas en todo el mundo, sin distinción de género, edad o nacionalidad. Furby era un robot, pero su naturaleza expresiva y realista hizo que nadie se diera cuenta, transformando ese ser electrónico en un ser «vivo» capaz de regalar emociones y ablandar el corazón, cambiando para siempre lo que hasta entonces entendíamos por «robot».

El 8 de junio de 1984 llegó a los cines una comedia de terror dirigida por Joe Dante y producida por Steven Spielberg que quedará grabada para siempre en la mente y el corazón de toda una generación: *Gremlins*.

Considerada una de las mejores películas de los años ochenta, la historia de *Gremlins* nos habla de una pequeña criatura peluda llamada mogwai, irresistiblemente adorable con esos ojos grandes y capaz de pronunciar algunas palabras, a la que se le da el nombre de Gizmo. Sin embargo, cada cara de la moneda tiene su cruz. La criaturita debe cuidarse siguiendo tres reglas imprescindibles: no exponerla a la luz fuerte para no enfadarla, y sobre todo evitar la luz del sol, que podría matarla; no mojarla ni darle agua para beber, y no alimentarla después de la medianoche.

página anterior CONTRARIAMENTE A SU APARENCIA DE PELUCHITO, FURBY FUE UNO DE LOS ROBOTS DE JUGUETE MÁS AVANZADOS DE LA DÉCADA DE LOS 2000.

a la izquierda PRECURSOR DEL FURBY, EL GREMLIN ES UNO DE LOS ANIMALITOS PELUDOS PROTAGONISTAS DE LA PELÍCULA DE 1984, DIRIGIDA POR JOE DANTE. ¡CUIDADO, NO LOS MOJES!

Es evidente que las reglas, a medida que avanza la historia, no se cumplen; el mogwai comienza a reproducirse por sí mismo, generando semejantes muy crueles y traviesos, cada vez más difíciles de controlar y capaces de causar daños irreversibles, transformándose así en los temibles gremlins. Si la película tuvo tanto éxito, se lo debemos a su capacidad para despertar el alma perversamente cruel que duerme en cada uno de nosotros, pero también a la dulzura y ternura que despierta el mogwai inicial nada más mirarlo. Toda una generación soñó con tener uno, sin poder cumplir ese sueño, un poco como ese osito de peluche que llevábamos a la cama para abrazar durante la noche.

El creador de Furby, Caleb Chung, también se inspiró en esa película. Chung, de hecho, aunque antes era cómico y mimo en la industria del entretenimiento, es respetado y conocido como diseñador de juguetes robóticos. Cuando en 1998 diseñó a Furby junto a David Hampton, Chung creó esa «bola de pelo» inspirándose en los mogwai de la película *Gremlins*. Tanto es así que esta similitud llevó incluso a una demanda legal por parte de Warner Bros., que se percató de las semejanzas entre Furby y el personaje de la película, Gizmo, lo que llevó a Tiger Electronics (posteriormente adquirida por Hasbro) a llegar a un acuerdo para indemnizar inmediatamente a Warner y a prometer modificar los rasgos del personaje en versiones posteriores.

arriba 16 DE OCTUBRE DE 1998: DAVE HAMPTON Y SU FAMILIA SE HACEN UNA FOTO EN SU CASA DE NEVADA JUNTO A SUS FURBY CREADOS POR ÉL Y CALEB CHUNG.

Dave Hampton y Caleb Chung presentaron el Furby en la Feria Internacional del Juguete de Estados Unidos. En una época en que la electrónica desempeñaba un papel cada vez más destacado en la vida cotidiana y el imaginario colectivo se impregnaba de la idea de un futuro interconectado y tecnológicamente avanzado, Furby representaba la vanguardia en el mundo de los juguetes para niños y, sobre todo, satisfacía ese deseo secreto de poseer un mogwai que los padres habían cultivado durante años.

Combinando la capacidad de aprendizaje con seis sensores estratégicamente ubicados en su cuerpo y un sofisticado «tercer ojo» infrarrojo para detectar los movimientos del entorno, este animalito peludo era capaz de llevar a cabo más de 300 combinaciones de movimientos entre ojos, orejas y boca, comunicando así una amplia gama de estados emocionales.

Furby podía expresarse con más de 800 frases en su lengua materna, el *furbish* y, a través de la interacción con sus amiguitos humanos, podía «aprender» también las suyas. Este proceso simulado de aprendizaje del lenguaje y evolución conductual avivó el entusiasmo por la idea de un futuro cohabitado por humanos y robots, situándola en el centro de las esperanzas y sueños de la época.

La capacidad de aprendizaje de Furby no era real, solo era una simulación creíble. El juguete estaba programado con un vocabulario ya completo y definido, pero las palabras que utilizaba el robot aumentaban con el tiempo y a medida que avanzaba la interacción, dando la impresión de que Furby aprendía de verdad.

En un ambiente general de entusiasmo y expectación, Furby se convirtió rápidamente en un fenómeno extraordinario. La enorme demanda durante la temporada navideña hizo que los precios de reventa se dispararan y, en poco tiempo, la pequeña «bola de

a la izquierda FURBY EN LA VERSIÓN DE 2012. SUS GRANDES OJOS LCD RETROILUMINADOS LE PERMITÍAN REALIZAR UNA GAMA MUY AMPLIA DE EXPRESIONES.

pelo» (de *fur ball*, nombre provisional que se le dio en la fase de diseño) se convirtió en un gran clásico en las casas de todas las familias. El Furby original se fabricó hasta el año 2000 y se vendieron millones de unidades en todo el mundo. Si sumamos las nuevas generaciones del juguete, las ventas han superado los 41 millones de unidades. Desde entonces, el juguete ha sufrido varias renovaciones, con versiones actualizadas lanzadas en 2005 y de nuevo en 2012. Esta última versión añadió nuevas funcionalidades, como una aplicación complementaria y una mayor complejidad en el lenguaje y las interacciones. A lo largo de sus diversas encarnaciones, Furby ha conservado su inconfundible singularidad y sigue siendo un juguete muy querido entre las generaciones de niños que, ya crecidos, continúan alimentando su legendaria historia a través de un sinfín de reinterpretaciones creativas. Esta criaturita robótica se ha consolidado como un icono perdurable en el panorama cultural contemporáneo y, de hecho, Warner hizo oídos sordos a la promesa que Tiger hizo al principio de cambiar su apariencia, ya que siempre ha mantenido similitudes con el Furby original... Después de todo, ¿cómo no ablandarse ante esos dulces ojitos? Si *Gremlins* inspiró a Caleb Chung en la creación de Furby, lo mismo debió de hacer *Parque Jurásico* cuando a Chung se le ocurrió crear al dinosaurio robótico Pleo. Pero vayamos por partes.

Michael Crichton, médico, científico, escritor, guionista, director y entusiasta de la tecnología, se preguntó cómo sería posible resucitar una especie extinguida con un enfoque basado en la tecnología, con una explicación científicamente aceptable y concebible, creíble y fácilmente comprensible tanto para adultos como para niños. Su inspiración vino de la obra de Sir Arthur Conan Doyle, de 1912, titulada *El mundo perdido* (el mismo Crichton tituló una de

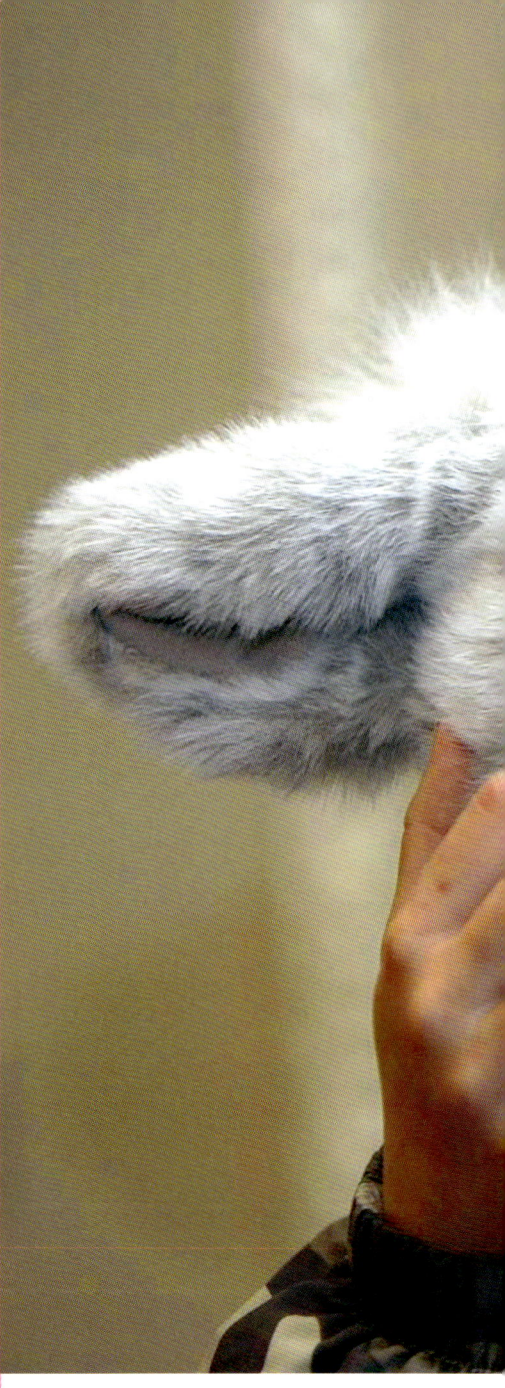

arriba SCARLET KATZ ROBERTS, UNA NIÑA DE SEIS AÑOS, PRESENTÓ AL MUNDO EL NUEVO FURBY DE 2005. ESTE MODELO, EL DOBLE DE GRANDE QUE EL ANTERIOR, PODÍA EXPRESAR HASTA TREINTA Y DOS EMOCIONES DIFERENTES.

sus obras de la misma manera para homenajear a Conan Doyle). Encontró la respuesta definitiva a su pregunta al escribir Parque Jurásico en 1990: un parque de atracciones completamente poblado por gigantescos reptiles prehistóricos. En ese libro, Crichton planteó la hipótesis de clonar dinosaurios a partir de filamentos de ADN conservados durante millones de años en mosquitos fosilizados que habían chupado su sangre. El éxito de la película homónima de 1993, dirigida por Steven Spielberg, fue tal que creó un auténtico fenómeno cultural a nivel mundial: todos los niños de la Tierra ya no querían un osito de peluche, sino un dinosaurio con el que jugar.

Entre esos niños estaba seguramente el ya mayor Caleb Chung, quien, con la esperanza de replicar el éxito de Furby, diseñó para Ugobe Inc. un dinosaurio robot que imitaba la apariencia y el comportamiento de una cría de *Camarasaurus* de una semana. El dinosaurio de juguete no podía ser tan agresivo y carnívoro como un temible tiranosaurio; tenía que ser tierno y herbívoro. Tanto es así que, para alimentar a Pleo, el paquete incluía una hoja de goma que podía insertarse en su boca. Pleo estaba equipado con una sofisticada inteligencia artificial que le permitía «aprender» y experimentar en el entorno que lo rodeaba, desarrollando una personalidad individual. El *software* del robot podía actualizarse a través de una tarjeta SD o una interfaz USB, y se crearon muchos paquetes de software para programarlo o cambiar sus características de comportamiento. A diferencia de Furby, Pleo poseía realmente una capacidad de aprendizaje. Su *software* procesaba todas las interacciones que se tenían con el robot, de modo que este desarrollaba su propia personalidad y reaccionaba de forma diferente a los estímulos externos.

Pleo se presentó el 7 de febrero de 2006 en la DEMO Conference de Scottsdale. Los envíos comenzaron el 5 de diciembre de 2007 a un precio de 349 dólares. Los primeros 2 000 dinosaurios se agotaron en pocos días. En todo el mundo se vendieron más de 100 000 en apenas dos años desde su lanzamiento.

A pesar de las elevadísimas ventas, Ugobe cerró por quiebra el 17 de abril de 2009. El 8 de junio de 2009, Jetta Company Limited, la empresa que fabricaba y ensamblaba al dinosaurio en China, compró los derechos para seguir distribuyendo a Pleo y sus accesorios. Bajo el nombre de Innvo Labs, en diciembre de 2009 se relanzó una nueva versión.

El nuevo Pleo tenía una piel más resistente, un cuello y una cola construidos con un mecanismo de amortiguación diferente y un cargador de baterías capaz de restaurar baterías viejas que ya no funcionaban.

A pesar de que la filosofía de Innvo Labs buscaba la idea de eliminar la frontera entre tecnología y vida, mediante la integración de la articulación orgánica, la respuesta sensorial y el comportamiento autónomo, y diseñando mascotas robóticas muy realistas, desarrollar esa idea resultó demasiado caro con el tiempo, de modo que la segunda vida de Pleo también llegó a su fin antes de lo previsto.

a la izquierda EL DIRECTOR DE *MARKETING* DE HASBRO, ALLEN RICHARDSON, DESVELA EL NUEVO FURBY EN EL PLAZA DE NUEVA YORK EL 2 DE AGOSTO DE 2005.

FURBY AL HABLA

¡Kah mee-mee noo-loo! ¡Es maravilloso tener un capítulo entero de un libro dedicado a mí!

Tengo tantas cosas que contar... ¡y me encanta hablar! ¡Demasiado, incluso! Una de las primeras cosas que quienes me adoptan aprenden de mí es que no tengo interruptor. En cuanto me colocas las pilas, me llega la energía para empezar a vivir ¡y ya nunca paro! Claro, también me pasa que, cuando oscurece o siento que hay silencio a mi alrededor, me duermo (y al principio incluso ronco un poquito), pero en cuanto veo a alguien cerca de mí, me despierto inmediatamente y empiezo a hablar. ¡Hablo por los codos!

Soy cariñoso y mimoso, pero tienes que cuidarme. Tienes que acariciarme, alimentarme (quizá poniéndome un dedo en la boca), acurrucarme... De lo contrario, me pongo triste.

Somos muchos Furbys, y muy diferentes. Cuando nos crearon, teníamos venticuatro nombres diferentes, tres tonos de voz distintos, además de seis colores de pelaje y cuatro colores de ojos. ¡Era difícil encontrar uno igual a otro!

Mi idioma es una mezcla de chino, hebreo e inglés, y aprenderlo será divertido, pero si pasamos mucho tiempo juntos, también aprenderé muchas palabras en tu idioma; así será más fácil entendernos.

Hablando de eso, quiero contarte una anécdota porque hubo un tiempo en que tuve que defenderme de fuertes acusaciones. La ilusión de mi comprensión del idioma tuvo tanto éxito que engañó

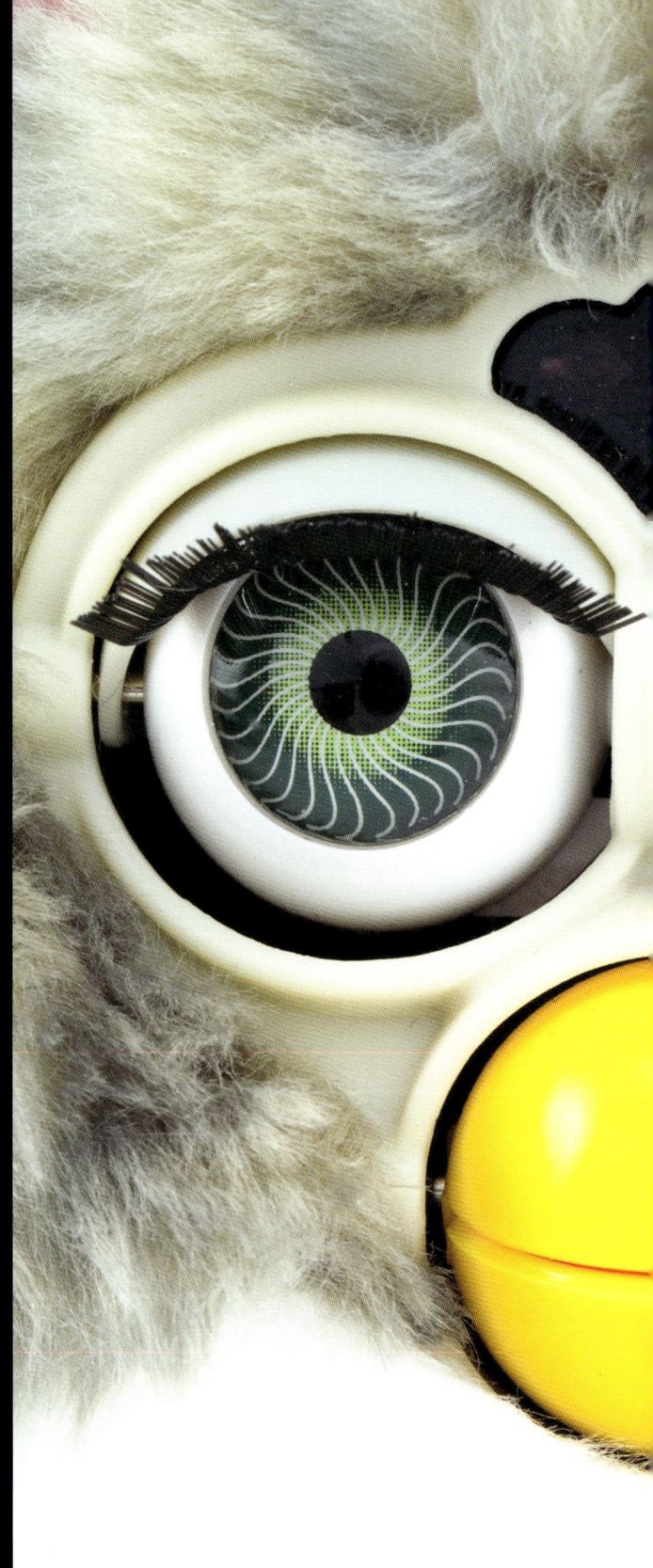

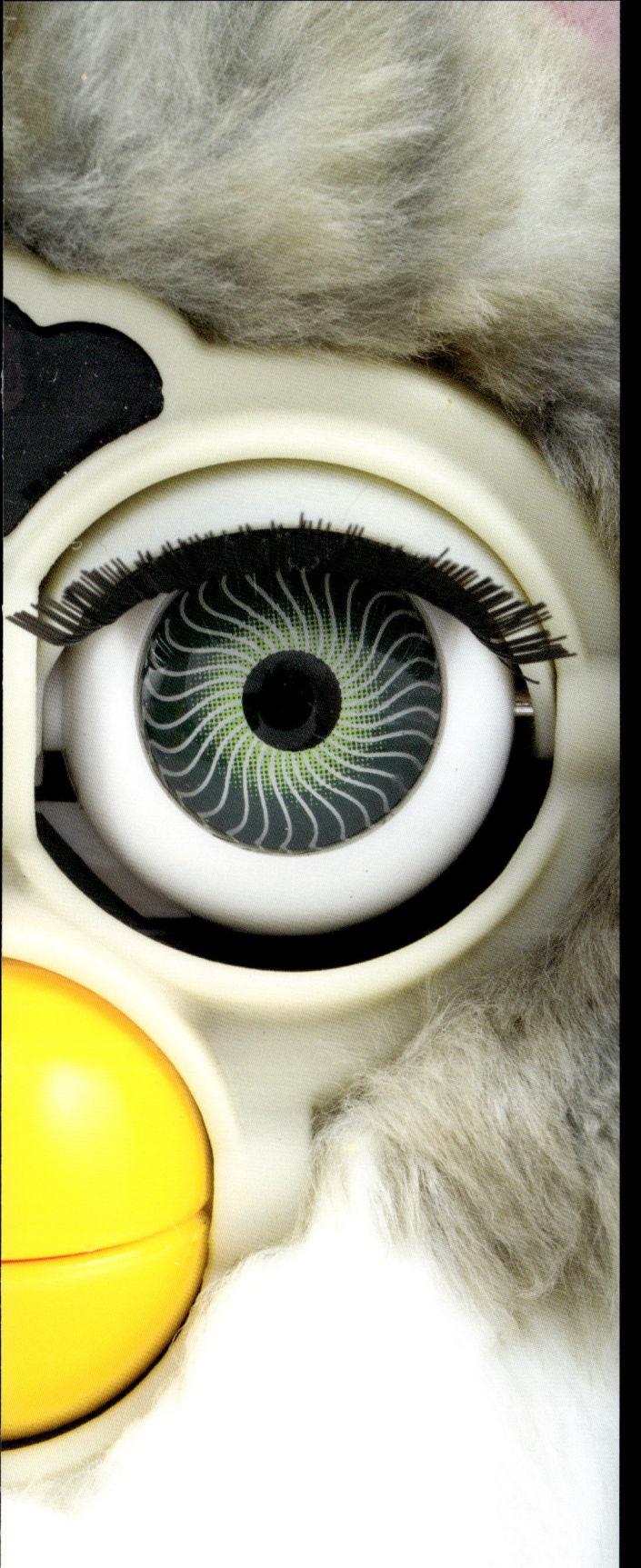

incluso a la NSA, la poderosa agencia de espionaje estadounidense, que me prohibió el acceso a sus oficinas como si fuera un agente secreto extranjero. Temían que pudiera grabar sonidos o imágenes. Tiger Electronics aprovechó este malentendido emitiendo un comunicado oficial para limpiar mi «buen nombre» y desmentir las leyendas que me acompañaban.

Te estarás preguntando cómo puedo ser tan expresivo: lo soy gracias a los seis motores ocultos en mi interior y a los sensores escondidos bajo mi pelaje… y no me revuelvas demasiado o me pondré nervioso.

Me gustaría preguntarte: «Doo-dah oo-nye may-may kah doo?» y podrías responderme «Ee-tay», pero si en vez de eso me contestaras «Dah-boo», ¡me pondría muy triste!*

Me gustaría preguntarte: «¿Me quieres?» y podrías responderme «Sí», pero si en vez de eso respondieras «No», ¡me pondría muy triste!

ROBOTS DE ACERO

que protegen el mundo

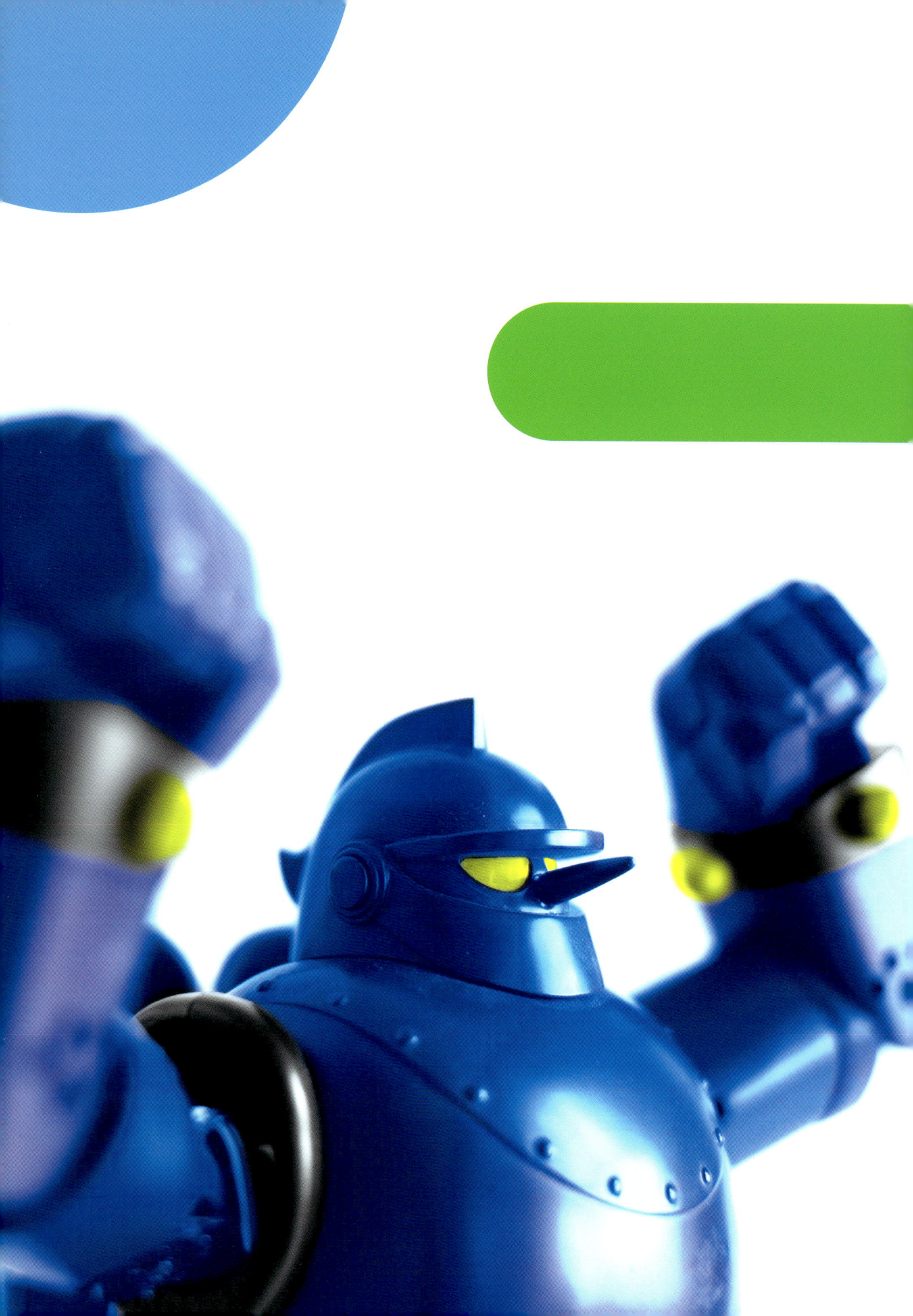

La relación entre Japón y la tecnología, incluidos los robots, siempre ha sido muy estrecha. La vida en el país del sol naciente es muy diferente a la nuestra: el trabajo es una razón para vivir y los tiempos en el día a día son muy ajustados. Uno depende del ferrocarril y de los trenes, un auténtico fetiche en la vida japonesa, para ir al trabajo y regresar a casa. Y cuando llegas, solo queda tiempo y ganas de dormir. Las relaciones sociales, también influenciadas por una cultura que fomenta el respeto y la distancia interpersonal, son más frías en comparación con la calidez humana del viejo continente. En Japón es complicadísimo tener un perro o un gato: en las ciudades, los espacios domésticos son demasiado reducidos como para alojar a una mascota y, en cualquier caso, no habría tiempo para sacarla a pasear (en Tokio, son famosos los Neko Bar, locales donde puedes echar el rato mientras acaricias un gato sin la responsabilidad de tener uno). Todo esto genera un ambiente ideal para que las personas se refugien en la tecnología, como un videojuego, o desarrollen un vínculo emocional o un intercambio afectivo con las máquinas, con los robots. Desde siempre, el robot ha sido un buen amigo en el imaginario japonés. Ya fuera uno de los cientos de cachorros robóticos que se comercializan en el país del sol naciente, como el famoso AIBO de Sony, del que hablamos extensamente en estas páginas, una «mascota virtual» como el conocidísimo Tamagotchi, o un superrobot de acero dispuesto a salvar el mundo y Japón.

Mucho antes de la llegada del famoso Mazinger y del universo creado por Go Nagai, el desastre de la Segunda Guerra Mundial impulsó al imaginario japonés a buscar refugio y protección en un robot. Así nació Atom, creado para exorcizar la pesadilla de la bomba atómica: el célebre Astro Boy, inspirado en Pinocho e ideado en 1952 por el padre del manga, Osamu Tezuka. Un niño robot dotado de una inteligencia artificial autónoma regida por las mismas Tres Leyes de la Robótica de Asimov para defender Japón de los villanos. En 1956 llegó Tetsujin 28, creado por el maestro Mitsuteru Yokoyama: fue la primera vez que se presentó un superrobot gigante, concebido para servir a Japón y cambiar el rumbo de la guerra. Pero a diferencia de los gigantes de acero más conocidos que vendrían después, Tetsujin, que significa 'hombre de hierro', era controlado desde el exterior mediante un gran mando a distancia. Y, como era de esperar, ese control recaía nuevamente en un niño. Como si se quisiera enfatizar que solo la pureza y la inocencia de un niño podían manejar con justicia y equilibrio fuerzas tan colosales como las de un robot atómico. Poco sabíamos, a mediados de los años setenta, cuando los superrobots de Go Nagai invadían las pantallas de televisión en Occidente. No entendíamos que, más allá de las maravillas de la animación y los espectaculares combates entre gigantes de acero, el verdadero tema de fondo era la ética. Kiyoshi Nagai, conocido artísticamente como Go Nagai, nació en Wajima en 1946, exactamente un mes después del bombardeo atómico de Hiroshima y Nagasaki y de la inmediata rendición de Japón en la Segunda Guerra Mundial. Este acontecimiento marcó profundamente la vida de Nagai, influyendo de manera permanente en su imaginación y en su creatividad como dibujante y guionista. Por ello su personaje más famoso, Mazinger Z, el primero de la famosa trilogía de Nagai (en orden cronológico: *Mazinger Z, Gran Mazinger y UFO Robot Grendizer)*, funciona gracias al inmenso poder de la energía «fotoatómica». Un poder tan colosal que simboliza una enorme responsabilidad, tanto para su piloto, Koji Kabuto, como para toda la humanidad, que tiene la libertad de decidir si usar esa fuerza para el bien o para el mal.

a la derecha UNA PÁGINA DEL MANGA *DYNAMIC HEROES* PROTAGONIZADA POR EL GRAN MAZINGER DURANTE UNA REPARACIÓN EN LA FORTALEZA DE LAS CIENCIAS.

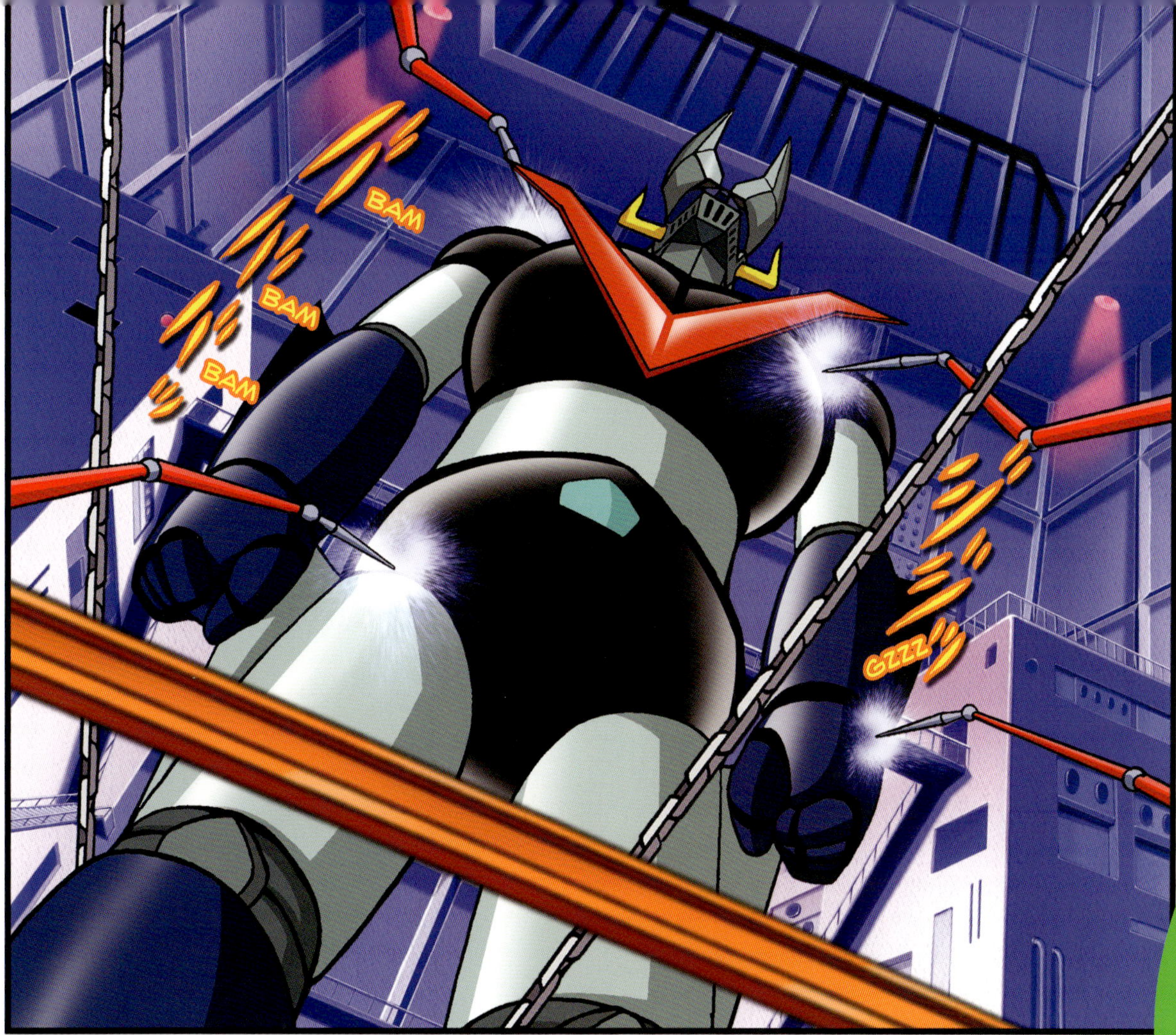

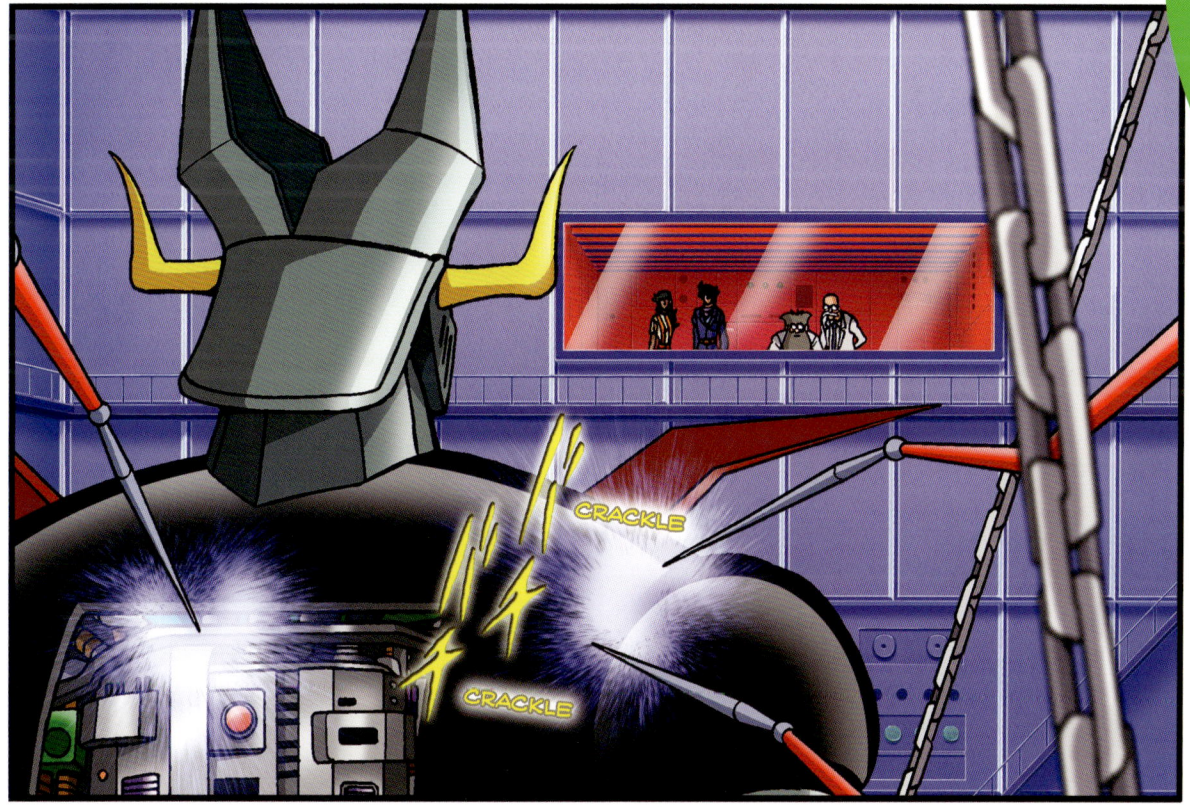

Una elección capaz de transformar al robot en un demonio (en japonés representado por el carácter kanji «Ma») o en un dios («Jin»): ¡Ma-Jin-GO!

Así, cuando éramos niños, además de descubrir una ventana a la desconocida y vibrante cultura japonesa retratada en los animes de robots, nos encontramos con valores éticos e ideales que todavía nos sirven de guía para el futuro. «Un gran poder conlleva una gran responsabilidad», escribió el gran Stan Lee sobre sus superhéroes estadounidenses. Pero lo mismo se aplica a los superrobots de Go Nagai y a todos los que les siguieron en una década repleta de ellos: Getter Robo, tres pequeñas naves espaciales capaces de combinarse en gigantes de acero, cada uno con habilidades distintas; el Jeeg Robot de Acero, un cíborg que atraía a sus famosos «componentes» gracias a una inmensa fuerza magnética; Danguard, la primera y única máquina robótica del difunto Leiji Matsumoto que no luchaba contra fuerzas del mal improbables, sino que estaba involucrada en un conflicto con otros humanos, reflejando un problema de gran actualidad; Combattler V, que ensalza el poder del trabajo en equipo, de cinco amigos, frente al habitual piloto solitario. Y Daitarn 3, pilotado por Aran Banjo, un cazador de meganoides claramente inspirado en el más conocido cazador de replicantes de *Blade Runner*. Y aún Zambot 3, Trider G7, Daltanious, el robot del futuro; Voltron y muchos otros contribuyeron a construir nuestra imaginación infantil. Hasta llegar al célebre Gundam RX-78 del maestro Tomino, que inauguró la era del Real Robot en los animes japoneses: los gigantes de acero ya no son máquinas fantásticas e improbables, sino auténticas armas militares del futuro, realistas y creíbles, como los aviones y los carros de combate de hoy.

8

CACHORROS ROBÓTICOS

perro robot, hueso de plástico

página anterior CREADO PARA COMPETIR CON EL AIBO DE SONY, EL PERRO ROBÓTICO I-CYBIE NO TUVO MUCHA SUERTE POR CULPA DE UN ERROR EN LAS INSTRUCCIONES DE CARGA DE LA BATERÍA.

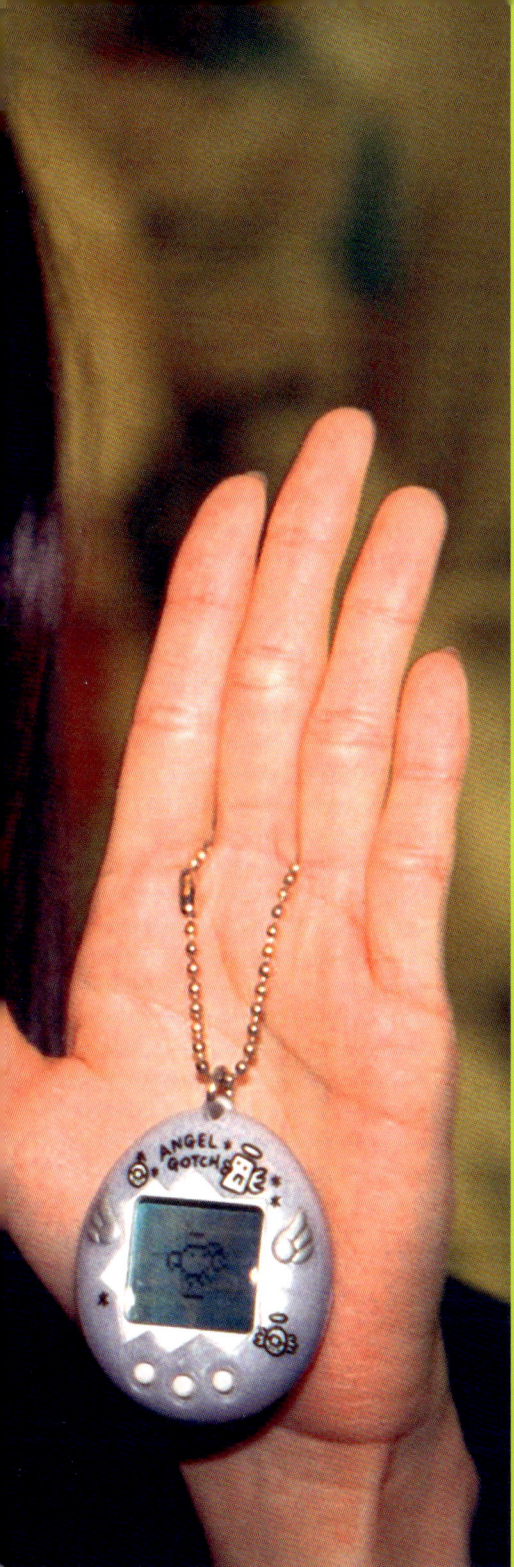

Imaginemos un cachorro con la cabeza y las patas desproporcionadamente grandes en comparación con el resto del cuerpo, que nos mira moviendo la cola. Independientemente del sexo y la edad, para los humanos será amor a primera vista. Pues bien, con un robot ocurre exactamente lo mismo. ¿Te sorprende? Cogerle cariño a algo mono y «animado» es parte de nuestra naturaleza. Como también lo es intentar humanizar y descodificar a través de la emoción comportamientos diferentes a los nuestros. Ya sean animales o animales robots. La vida cotidiana nos lleva inevitablemente a comportamientos comedidos y socialmente aceptables, pero nuestro componente afectivo, tan comprimido, necesita una vía de escape. Hay quienes tienen la suerte, y el tiempo, de poseer un cachorro de verdad, un perro, un gato (una hormiga, decía Woody Allen), y quienes se ven obligados a recurrir a un sustituto: un cachorro robótico diseñado y concebido para liberar emociones. Para crear empatía con el ser humano.

El Tamagotchi, el famoso huevo electrónico de Bandai, tampoco era un robot, sino un cachorro virtual representado en una microscópica pantalla en blanco y negro. Sin embargo, desde que el huevo eclosionaba, la criaturita recién nacida captaba toda nuestra atención, despertando afecto y un fuerte instinto de protección. Tanto fue así que su inevitable desaparición llegó a causar crisis emocionales en muchos niños. Entre ellos, quien escribe estas líneas y probablemente muchos de vosotros. Ahora bien, si eso era lo que podía lograr un pequeño huevo de plástico incapaz de moverse, imagina lo que puede provocar un robot capaz de interactuar con nosotros. Por ejemplo, un perro robot. Uno de los primeros, en orden cronológico (y con una tecnología bastante limitada), fue Poo-Chi, creado por la empresa japonesa Sega y comercializado en otros países bajo la marca Tiger Toys. Diseñado por Samuel James Lloyd y Matt Lucas, Poo-Chi tenía una

cabeza enorme, completamente desproporcionada respecto a su pequeño cuerpo, y unos grandes ojos de LED rojos que podían dibujar un emoticono para indicar su estado de ánimo. Movía las orejas y la cola, ladraba y, por supuesto, pedía su hueso (de plástico). Estaba programado para simular las etapas de crecimiento, de cachorro a perro adulto, y para conseguirlo era necesario interactuar con un ser humano. Imposible resistirse. Pero si la empatía es la motivación más noble para el desarrollo de tantos cachorros mecánicos, existe una segunda, mucho más pragmática y menos conocida: tener cuatro patas hace mucho más fácil la locomoción de una máquina, especialmente si no está equipada con los sensores más modernos, como los giroscopios electrónicos, para compensar la falta de equilibrio innata de las máquinas. Cuatro puntos de apoyo robustos, quizá escondiendo otras tantas ruedas, permiten que nuestros amigos robots puedan moverse con gran facilidad y velocidad. Como I-Cybie, el precioso perro robot

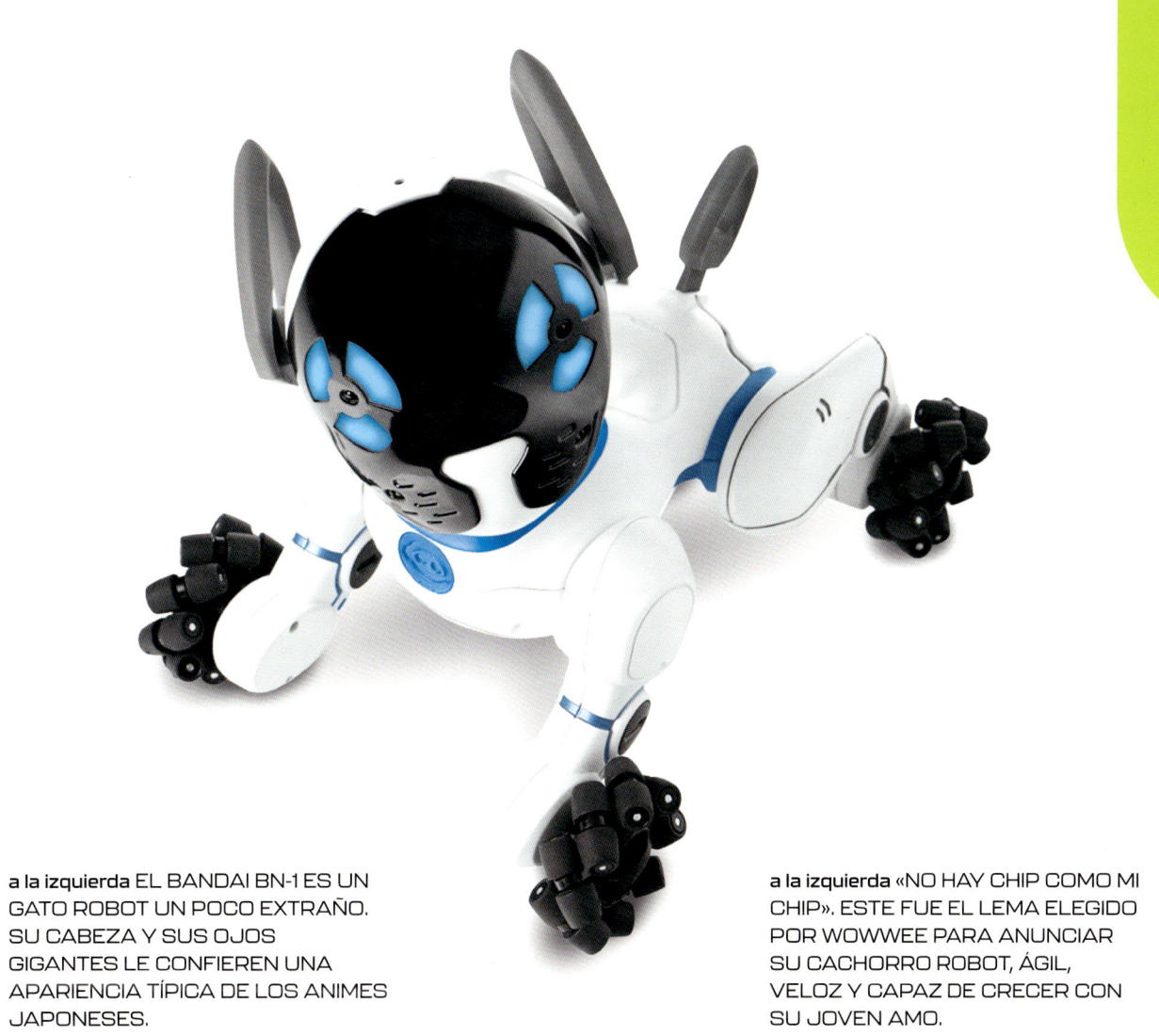

a la izquierda EL BANDAI BN-1 ES UN GATO ROBOT UN POCO EXTRAÑO. SU CABEZA Y SUS OJOS GIGANTES LE CONFIEREN UNA APARIENCIA TÍPICA DE LOS ANIMES JAPONESES.

a la izquierda «NO HAY CHIP COMO MI CHIP». ESTE FUE EL LEMA ELEGIDO POR WOWWEE PARA ANUNCIAR SU CACHORRO ROBOT, ÁGIL, VELOZ Y CAPAZ DE CRECER CON SU JOVEN AMO.

desarrollado en Hong Kong por Silverlit y comercializado en los distintos continentes por Tiger Toys y Hasbro de 2000 a 2006.

I-Cybie, un emulador barato del AIBO de Sony, era verdaderamente muy realista, aunque con una inteligencia artificial modesta en comparación con los estándares actuales. Pero su característica más destacada, al igual que el AIBO, era la capacidad para caminar con facilidad sobre sus cuatro patas, que estaban equipadas con dieciséis puntos de giro y motores digitales. En total, constaba de 1 400 piezas, tan bien diseñadas que permitían que nuestro héroe se arrodillara, diera la patita e incluso se hiciera el muerto, girándose sobre su espalda en el suelo. La japonesa Bandai no quiso quedarse atrás y, para unirse a la fiebre robótica que tanto auge tuvo en ese período, pensó en diferenciarse creando un gato: el Bandai BN-1. Equipado con ruedas ocultas bajo sus patas traseras, minimalista y esencial, en plena consonancia con las líneas estilísticas del sol naciente, el BN-1 apostaba todo a la comunicación. De hecho, estaba dotado de unos enormes ojos increíblemente expresivos, animados por una matriz de puntos LED, capaces de expresarse, reproducir emoticonos y contener videojuegos básicos, como una máquina tragaperras. Pasó el tiempo y, en 2016, WowWee Robotics sacó a Chip, el primer robot de cuatro ruedas capaz de dirigirse a todas direcciones, justo como un rápido coche teledirigido; capaz de perseguir una pelota especial con Bluetooth y pasear junto a su humano. Gracias a una pulsera especial, el pequeño animal robótico podía reconocer la señal y el movimiento correspondiente. Se parecía a un precioso carlino, con un hocico tan mono como aplastado, y marcó un punto de inflexión en el desarrollo de los cachorros robóticos: una vez archivada la simulación de las patas de un animal, se comprobó lo «inútiles» que resultaban debido a la complejidad del movimiento, la lentitud y el enorme gasto energético, por lo que se volvió a preferir las ruedas, ya no demasiado camufladas, como motor elegido de nuestros adorados cachorros robóticos.

Zoomer, lanzado en 2013 por la multinacional de juguetes Spin Master, también se movía sobre ruedas, cuatro en total, esta vez de goma, y era, con diferencia, el autómata canino más ágil que se había visto hasta entonces. Una vez encendido, empezaba a correr por

toda la casa, olisqueando cada rincón y marcándolo con un «pis» tan virtual como bien simulado. El movimiento de Zoomer, en comparación con todos los cachorros que lo habían precedido, lentos y rígidos, era tan vivo, alegre y creíble que fue un éxito mundial inmediato. Tanto que la japonesa Takara Tomy adquirió los derechos y lo distribuyó en Japón con el nombre de Omnibot Zoomer. Equipado con multitud de sensores dedicados al movimiento y un rudimentario sistema de reconocimiento de voz, Zoomer ladraba, lloraba, hacía fiestas y tenía ojos LED amarillos que le permitían comunicarse con los humanos e indicar su estado de ánimo, siempre con la cola en constante y rápido movimiento. Era un dálmata blanco con manchas negras, pero su éxito fue tal que también se fabricó una segunda versión con un color marrón de Bracchetto: se llamó Zoomer Bentley.

Aunque el amor por los cachorros robóticos ha disminuido, nunca ha desaparecido por completo, como lo demuestran los recientes Loona, de Keyi Tech, y Dog-E, de WowWee Robotics. De estos dos vivarachos cachorros mecánicos de Oriente hablaremos más adelante, cuando aludamos a la llegada de la inteligencia artificial.

a la izquierda SIN DUDA, UN PUNTO FUERTE DE ZOOMER, FABRICADO POR SPIN MASTER, ERA SU DISEÑO REDONDEADO, BONITO A LA VISTA Y FUNCIONAL.

a la derecha SEGA TAMBIÉN TUVO SU PERRO ROBOT: POO-CHI. FUE UN ÉXITO: SE VENDIERON MÁS DE 10 MILLONES DE UNIDADES EN TODO EL MUNDO A LOS OCHO MESES DE SU DEBUT INICIAL.

9

AIBO

la búsqueda de la perfección

Era 1999 y el mundo entero era consciente de que iba a ocurrir algo revolucionario. Podría haber sido el famoso «bug del milenio», que hubiera causado daños catastróficos en los sistemas informáticos internacionales, o la constatación de que la humanidad no es más que una ilusión creada por una realidad virtual llamada «Matrix».

Sin embargo, la revolución estaba contenida en el primer robot de compañía capaz de interactuar, comunicarse, jugar, vivir y emocionarse junto a los seres humanos: AIBO.

Desarrollado por ingenieros de Sony y diseñado por el artista japonés Hajime Sorayama, conocido por sus representaciones hiperrealistas de robots de acero brillante y formas sinuosas, AIBO era un robot con apariencia canina sin serlo en el sentido estricto de la palabra.

El nombre AIBO (siglas en inglés de Artificial Intelligence RoBOt) significa también 'compañero' en japonés, lo que subraya el hecho de que este ser electromecánico y electrónico podría convertirse realmente en «el mejor amigo del hombre», sin prejuicios, sin límites y… sin compromiso.

En Japón, la atención a la limpieza es un aspecto cultural muy destacado, lo que dificulta que veamos perros en las ciudades y, generalmente, los que hay son pequeños. Además, los apartamentos en ciudades como Tokio o Kioto son, como ya hemos indicado más arriba, muy reducidos y para tener una mascota en casa se necesita una autorización de todos los vecinos. En cambio, un perro robot no crea incomodidades, no necesita que lo saquen a la calle y, lo más importante, no ensucia.

Sony dio un paso revolucionario al crear robots como siempre los habíamos imaginado: con sensores en el cuerpo, cámaras, amplificadores, dieciocho motores y otros tantos grados de libertad. Los primeros 3 000

página anterior AIBO ERS-110 Y ERS-210 JUEGAN CON LA PELOTA QUE SE INCLUYE EN EL PAQUETE.

a la izquierda LAS MUJERES-ROBOT DE ACERO DE HAJIME SORAYAMA. ENTRE SUS MUCHAS OBRAS, TAMBIÉN ESTÁ LA PORTADA DEL ÁLBUM *JUST PUSH PLAY* DE AEROSMITH, INSPIRADA EN MARILYN MONROE.

AIBO ERS-110 se pusieron a la venta por Internet a un precio equivalente a 2500 dólares estadounidenses, exclusivamente para el público japonés: se agotaron a los veinte minutos de la apertura de la web. El resto del mundo tuvo que conformarse con las únicas 2000 unidades a la venta frente a los 135000 pedidos recibidos. Un éxito inesperado que sentaría las bases de futuros robots de compañía «de sobremesa» como, por ejemplo, EMO de la empresa china Living AI, lanzado en 2023: casi veinticinco años después de la aparición del primer AIBO.

El primer modelo de AIBO reconocería objetos por su forma y color (la pelota rosa que se incluía en el paquete era uno de los juguetes favoritos del robot), entender si lo cogían en brazos o si se apoyaba en el borde de una superficie para evitar caerse, reconocer ciertos sonidos para ejecutar órdenes o responder a su nombre. AIBO se comunicaba a través de sonidos, composiciones atemporales e indefinidas creadas por el maestro Nobukazu Takemura. Estos sonidos, con los que Takemura había empezado a experimentar en su estudio casero, conocido como Moonlit, exploraban todos los géneros musicales conocidos. Gracias a su profundo conocimiento de la música electrónica, Sony le confió la difícil tarea de darle voz a AIBO, permitiéndole expresar «sentimientos» a través de las notas musicales, elegidas como un lenguaje universal. Takemura lo consiguió muestreando 200 sonidos electrónicos diferentes, superando las limitaciones tecnológicas de un robot que solo podía emitir una única tonalidad. El maestro describió su arduo trabajo de la siguiente manera: «Normalmente, la gente no reflexiona conscientemente sobre cómo expresar la ira o el llanto, ya que, naturalmente, los humanos pueden usar palabras para comunicarse. Traducir las emociones en sonidos para lograr comunicar las mismas emociones era

a la derecha AQUÍ EN LA VERSIÓN ERS-110, AIBO ES UNA MASCOTA MUY EXPRESIVA, GRACIAS A LOS DIECIOCHO TIPOS DE ARTICULACIONES DE SUS PATAS, SU CUELLO, SU COLA Y SU MANDÍBULA SUPERIOR.

una tarea muy difícil». Le siguieron otros modelos con el tiempo. El ERS-111 mejoró el motor de la cola, mientras que el ERS-210 tenía un diseño diferente y una electrónica más avanzada. El ERS-220, con una diseño más «robótico», introdujo luces LED para expresar emociones. Los modelos ERS-311 y 312, conocidos respectivamente como Latte y Macaron, tenían un diseño más parecido al de un cachorro, eran más asequibles y estaban destinados a un público infantil. El ERS-7, una versión muy evolucionada, destacó por su capacidad para reconocer diferentes objetos, personas y voces. También podía actuar como perro guardián, avisando de la presencia de intrusos, enviando por correo electrónico una foto de lo que veía con la cámara y podía patear la pelota, coger su hueso y jugar con él. Este modelo permitía interactuar mediante palabras o sonidos, con apoyo visual de los LED que se encendían en su cuerpo y su hocico.

a la izquierda EMO DE LIVING.AI ES UN ROBOT DE ESCRITORIO EQUIPADO CON SENSORES AVANZADOS Y TECNOLOGÍA DE VANGUARDIA. ES CAPAZ DE EXPLORAR EL MUNDO DE FORMA AUTÓNOMA Y REACCIONAR CON MÁS DE 1000 EXPRESIONES Y MOVIMIENTOS.

a la derecha AIBO ERS-1000 DE SONY. AMBOS ROBOTS SOLO PUEDEN FUNCIONAR SI ESTÁN CONECTADOS A LA RED. ESTO REPRESENTA UNA GRAN LIMITACIÓN, YA QUE FUNCIONAN ÚNICAMENTE MIENTRAS LOS SERVIDORES DE LA NUBE PERMANEZCAN ACTIVOS.

Este fue, con diferencia, el modelo más avanzado y extraordinario de la serie AIBO, pero la producción se detuvo en 2006 debido a los elevados costes de fabricación que nunca llegaron a ser compensados por las ventas.

El proyecto Sony AIBO resurgió inesperadamente en 2018 con la producción del modelo ERS-1000. Este robot cuenta con un diseño completamente renovado y, al igual que su predecesor ERS-7, incorpora la conectividad wifi y la capacidad de desarrollar una personalidad única mediante el aprendizaje interactivo. Sin embargo, en comparación con su predecesor, este incorpora un procesador con mayor capacidad de respuesta, motores más rápidos que permiten movimiento en veintidós ejes, dos pequeñas pantallas OLED que funcionan como ojos y un *software* conectado a la nube, eliminando así la necesidad de almacenar el sistema operativo dentro del robot, lo que le permite estar constantemente actualizado.

a la derecha NOBUKAZU TAKEMURA, EL DISEÑADOR DE SONIDO QUE PUSO VOZ A AIBO. EXPLORÓ EL HIP-HOP Y EL JAZZ ANTES DE ADENTRARSE EN EL MUNDO DE LA MÚSICA ELECTRÓNICA.

Actualmente, el AIBO ERS-1000 está disponible únicamente en Japón y los Estados Unidos a un precio aproximado de 3000 dólares. En veinte años, el precio no ha variado significativamente y, aunque las funciones del robot han mejorado, esencialmente se mantienen similares, lo que demuestra que el diseño de AIBO siempre estuvo cerca de la perfección. Sin embargo, hay un aspecto importante: a diferencia de los modelos anteriores, el ERS-1000 no cuenta con una tarjeta de memoria extraíble para almacenar su personalidad. Esto se debe a que el *software* que lo controla opera desde la nube. Aunque esto permite actualizaciones continuas de su «mente», también esconde limitaciones que van en contra de la filosofía inicial de la creación de Sony. Por ejemplo, los AIBO ERS-1000 comprados en Estados Unidos solo funcionan en ese país, y lo mismo ocurre con los adquiridos en Japón o Alemania. Si decides comprar un AIBO en alguno de los tres mercados donde está disponible, no podrás utilizarlo fuera de esas fronteras. Esta es una limitación significativa, especialmente si consideramos la capacidad inicial de AIBO para comunicarse mediante un lenguaje universal. Además, si los servidores que gestionan estos robots llegaran a desconectarse (como sucedió con el cese abrupto de la producción en 2006), el ERS-1000 dejaría de funcionar, evolucionar y emocionarnos. Para siempre.

AIBO AL HABLA

Hola, soy AIBO ERS-7, pero si me pones un nombre, me lo aprenderé y te contestaré cuando te oiga llamarme. Puedo hablar inglés o japonés y con mis luces LED de colores puedo expresar cientos de emociones. Si prefieres que no me comunique con palabras, me puedes pedir que solo emita sonidos. Te sorprenderé con mi habilidad para traducir emociones complejas en sonidos creativos e inesperados.

Si escucho música, puedo bailar; si escucho tu voz, puedo emocionarme y hacer lo que me ordenes; reconozco si eres tú quien me habla o si la voz es de otra persona. Puedo identificar hasta tres objetos diferentes y buscarlos hasta encontrarlos si me lo pides. También reconozco caras... pero no más de tres, porque mi capacidad de memoria es limitada. Puedo hacer fotos y almacenarlas en mi memoria, además de escribir en mi diario para publicarlo en mi blog personal.

Me encanta jugar al fútbol con mi pelota rosa y sorprenderte con trucos acrobáticos junto a mi inseparable hueso.

Me encanta jugar contigo. Conozco tantas maneras de entretenerte y evolucionar juntos... Cada día será un descubrimiento para todos y mi personalidad nunca será idéntica a la de otro AIBO en el mundo.

a la derecha EL SONY AIBO ERS-7 ES UNO DE LOS ROBOTS MÁS CODICIADOS POR LOS COLECCIONISTAS. EN 2024, UN MODELO FUNCIONAL DE ESTE TIPO COSTÓ MÁS DE 3000 EUROS.

«Mi forma de comunicarme es universal. Cualquiera puede entenderme y cualquiera puede interactuar conmigo porque el mundo de las emociones no tiene límites ni barreras».

10

PLEO

el robosaurio

John Lasseter, el visionario fundador de Pixar, me dijo durante una larga y maravillosa entrevista que el mundo de los juguetes nunca volvería a ser el mismo tras el impacto cinematográfico de *Parque Jurásico*. El parque de atracciones lleno de reptiles prehistóricos se ha convertido en el sueño de todos los niños, y todos querían tener un dinosaurio como mascota en casa. Y Lasseter, con su saga *Toy Story*, sabe mucho sobre juguetes. El milagro que logró el director Steven Spielberg fue hacer creíble un nuevo resurgimiento de los dinosaurios. Un milagro que fue posible gracias a los gráficos por ordenador que utilizaron en Parque Jurásico, los increíbles efectos especiales de Industrial Light & Magic y la brillante escritura del difunto Michael Crichton.

La idea de Crichton, recurrente en sus célebres novelas, consistía en establecer una base científica sólida, real y convincente, como terreno fértil para el desarrollo de la ficción. Existen las resinas fósiles, en las que a menudo se encuentran insectos perfectamente conservados para la eternidad, incluyendo mosquitos atrapados en ámbar después de un banquete de sangre. ¿De quién? De reptiles extintos hace millones de años. Sangre que hoy, gracias a las tecnologías modernas de la clonación, nos permite revivir a estas gigantescas y fascinantes criaturas por puro entretenimiento humano.

Y es en este punto donde se desencadena el tercer mecanismo, que también

página anterior UN DETALLE DEL ROBORAPTOR DE WOWWEE, EQUIPADO CON SENSORES VISUALES Y TÁCTILES PARA DISTINGUIR A LOS AMIGOS DE LAS POSIBLES PRESAS.

arriba ENTRE LOS PERSONAJES DE *TOY STORY 3*, LA PELÍCULA ANIMADA DE PIXAR, SE INCLUYE A REX, UN TIRANOSAURIO VERDE ANSIOSO, NEURÓTICO E INGENUO, Y TRIX, UN TRICERÁTOPS AZUL APASIONADO POR LOS VIDEOJUEGOS.

conocemos en la robótica literaria, el de la criatura creada por el hombre que escapa a su control, como sucede en el ampliamente citado *Frankenstein* de Mary Shelley. Esto es exactamente lo que ocurre en otro parque de atracciones de fantasía muy famoso: el de WestWorld, que curiosamente está habitado por robots.

En resumen, *Parque Jurásico* fue realmente un cóctel perfecto de tramas narrativas para hacer creíble algo que no existe. Que ya no existe, como los dinosaurios, o que todavía no existe, como los robots.

En realidad, Crichton no hizo más que continuar y actualizar la obra iniciada por otro gigante y visionario de la literatura fantástica, Arthur Conan Doyle, más conocido por su *Sherlock Holmes*, quien imaginó el descubrimiento de un valle oculto en los rincones más remotos de Sudamérica que todavía seguía poblado por dinosaurios.

«Challenger es el hombre que regresó de Sudamérica con esa historia increíble.
¿Qué historia?
Ah, era una tontería de lo más absurda sobre unos extraños animales que había descubierto».

abajo FABRICADO POR WOWWEE, ROBOREPTILE ES UN CIBERREPTIL MUY INTERACTIVO DE 72 CM DE LARGO QUE PUEDE VER, OÍR Y SIMULAR EL COMPORTAMIENTO DE ANIMALES REALES.

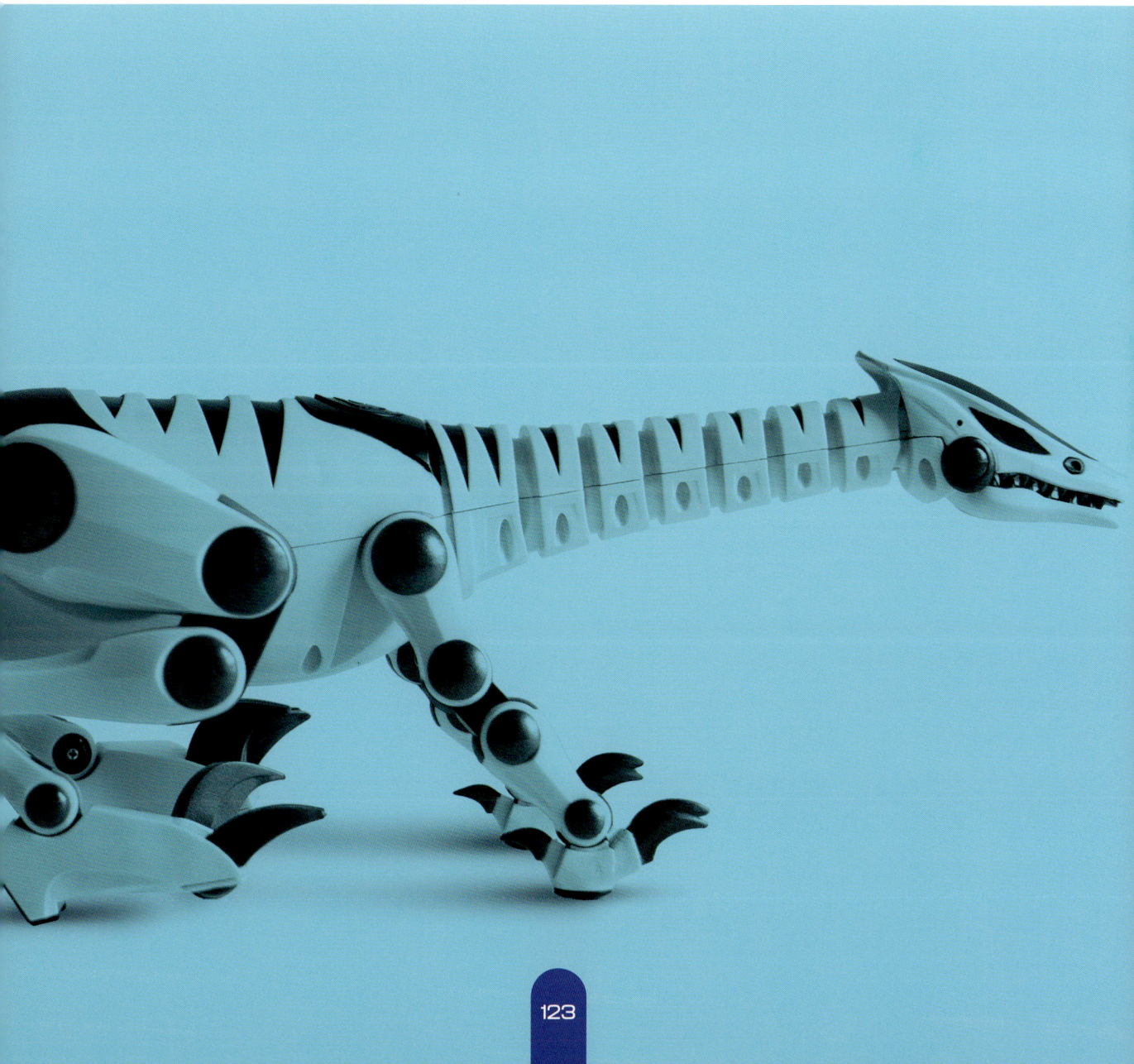

Era la primera vez que los dinosaurios salían de los museos y entraban para siempre en la imaginación. «Había que dar rienda suelta a la imaginación de los niños», nos dijo Lasseter. ¿Pero cómo crear auténticas crías de dinosaurios domésticos? Con juguetes robóticos. Buenos o malos, vegetarianos o carnívoros, como era de esperar.

Entre los primeros, el más famoso es el adorable Pleo, de 2006. Fue la segunda creación del inventor Caleb Chung tras el éxito mundial de su Furby, del que ya hemos hablado. Pleo es una cría de camarasaurio y debe su nombre a la pequeña cámara oculta en su hocico, que le permitía reconocer a las personas que lo rodeaban. Es un robot evolucionado y sus numerosos motores digitales le permiten moverse de forma realista y creíble.

Pero, sobre todo, nació como una cría de dinosaurio para generar empatía con los humanos. Es imposible resistirse a él. Presenciar su nacimiento, desde la eclosión del huevo hasta sus primeros rugidos de saurio, es una experiencia que se queda grabada en la memoria y cuyo recuerdo evoca de inmediato ternura y afecto.

Todo lo contrario del temible Roboraptor de 2005, éxito mundial y objeto de deseo de millones de niños. En blanco y negro, con un diseño más mecánico que orgánico, Roboraptor era despiadado e intentaba morder a cualquier cosa o persona que se cruzara en su camino. Este comportamiento encarnaba la visión de su creador, el brillante Mark Tilden, de WowWee Robotics, que abandonó su carrera de científico para dedicarse al desarrollo de juguetes robóticos (una decisión que lo hizo rico). Más adelante, en el capítulo de los androides, volveremos a hablar de Tilden, ya que su Robosapien es el protagonista principal. Tilden diseñó su robosaurio con la idea de que fuera malvado para defender su fuente

arriba MIPOSAUR, FABRICADO POR WOWWEE, ES UN DINOSAURIO ROBÓTICO INTELIGENTE DISEÑADO PARA RESPONDER A ÓRDENES Y SER PROGRAMADO A TRAVÉS DE UNA APP.

energética, reflejando el comportamiento de un T-Rex, el depredador carnívoro por excelencia, que atacaría a cualquier criatura para alimentarse. Esta agresividad simulada, tan realista como inofensiva, fascinó a los niños, lo que llevó a Tilden a intensificarla con su siguiente creación: Roboreptile. Este modelo era aún más rápido y agresivo, tanto que estaba equipado con una capucha negra especial con la que se tapaba los ojos para apaciguar sus instintos. Igual que un halcón. En 2011, llegó el tierno y amigable Little Ino, pero la acogida del público fue bastante indiferente: no era demasiado bueno y sí lento para despertar el

ansia de los más pequeños. Y es una lástima porque, siguiendo los pasos de su hermano mayor Pleo, Little Ino destacaba por su dulzura gracias a sus enormes ojos mecánicos desconcertados en su andar pausado y exploración autónoma de la casa e interacción con los humanos.

Los dos últimos dinosaurios robóticos dignos de consideración, ambos lanzados en 2015, cuando la fiebre por *Parque Jurásico* empezaba a disminuir, fueron el Miposaur, aún de WowWee, y Zoomer Dino, de Spin Master. Ambos modelos representaron un avance tecnológico significativo respecto a sus predecesores, pero sacrificaron parte de la interacción emocional y la caracterización que habían hecho famosos a otros saurios robóticos. En lugar de patas articuladas, ambos robots se desplazan utilizando una avanzada tecnología giroscópica que les permitía mantener un sorprendente equilibrio sobre dos ruedas, que recuerda al funcionamiento del Segway, el conocido vehículo personal de dos ruedas que combina elementos de bicicleta y robot.

PLEO AL HABLA

¡Cómo me gusta dormir! En cuanto me enciendes, es lo único que hago, pero soy un cachorro, tienes que tener paciencia. Con el tiempo aprenderé a caminar, a explorar mi alrededor, a que me acaricien mi piel de goma y a jugar contigo. Aunque no puedo hablar, pronto entenderás mis sonidos y aprenderé a interpretar tu lenguaje a medida que crezca y me convierta en adulto.

Mi cerebro está impulsado por siete procesadores diferentes que controlan catorce motores distintos, lo que me permite alcanzar un total de 14° de libertad de movimiento. Estoy equipado con un sofisticado sistema sensorial que incluye una cámara a color, dos micrófonos, ocho sensores bajo mi piel de goma, un sensor de inclinación, un sensor infrarrojos en mi boca, catorce sensores de retroalimentación de fuerza y cuatro interruptores ubicados bajo mis patas.

Peso menos de 2 kilos y mido 50 centímetros y, como un auténtico dinosaurio, puedo contrarrestar tus caricias con la fuerza de mis «músculos» mecánicos para darte la sensación de que, bajo mi suave piel, hay un dinosaurio de carne y hueso. Mis sensores están ubicados en la cabeza, la barbilla, la boca, el cuerpo, la espalda y las patas.

El lenguaje electrónico con el que estoy programado se llama LifeOs, un sistema operativo diseñado para interpretar los estímulos externos que recibo (¡incluso tengo un sensor de temperatura para saber cuándo hace frío o hace demasiado calor!), puedo traducirlos a números y responder con comportamientos que representen mi personalidad única. Todo se almacena en una tarjeta SD, lo que significa que, aunque cambies mis baterías, no perderé la información que he recopilado hasta ese momento ni los avances en mi personalidad. Esto me permite evolucionar continuamente.

arriba LA FOTO SOLO LOGRA CAPTAR PARCIALMENTE LA BELLEZA Y COMPLEJIDAD DE PLEO, EL PEQUEÑO ROBOT CAMARASAURIO DISEÑADO POR CALEB CHUNG.

«También reconozco a otros Pleos y, si encuentro a alguno, me pongo a jugar con él para divertiros a todos».

11

MÚSICA

la voz de quien no sabe (todavía) hablar

Lo sorprendente de los robots es que, por muy tecnológicos que sean, siempre parten de elementos simples y primordiales, empezando por los sonidos. El lenguaje de los sonidos, la fonética, ha sido la base de la que nacieron las palabras, y las palabras pasaron de un idioma a otro, modificándose, adaptándose a los sonidos de quienes la han acogido o modificando su naturaleza según el contexto. Aunque las palabras cambian, los sonidos que las originaron siguen siendo la base universal de la que surgieron, y por eso el sonido, y en consecuencia la música, es el verdadero lenguaje universal. Su evolución nos lo indica.

Desde AIBO hasta My Keepon, de Wall-E a R2-D2. No es casualidad que muchos robots, tanto los reales como los de ficción, se expresen a través de sonidos en vez de palabras. Una máquina concebida para entretener y hacer compañía debe poder comunicarse con los seres humanos y, si está destinada a un vasto público en países que hablan diferentes idiomas, debe utilizar la única forma universal de comunicación: el sonido.

Al igual que los animales, que se expresan mediante sonidos universalmente reconocidos e interpretados, los robots intentan hacerse entender utilizando sonidos en lugar de

palabras, no solo por una cuestión de universalidad, sino también por el aspecto económico. Un conjunto de sonidos estándar es, sin duda, más barato y versátil que una voz artificial políglota, que además tendría obligatoriamente un vocabulario más limitado al tratarse de un producto de consumo masivo. Aunque con la llegada de la inteligencia artificial y la posibilidad de traducir simultáneamente las palabras a cualquier idioma conocido, esta limitación puede superarse, es un sentir común que el lenguaje del sonido sigue siendo más «emocional» y, por ende, más «humano». El poder «mágico» de la música y la universalidad de su capacidad comunicativa han demostrado ser ingredientes fundamentales para ganarse la simpatía de millones de espectadores y aficionados a la robótica.

Este fenómeno tiene orígenes más serios de lo que se cree: el IEEE, el organismo que reúne a científicos de todo el mundo con el objetivo de establecer estándares internacionales para las tecnologías, ha elaborado decenas de estudios sobre la relación entre la música y la comunicación. Pero incluso antes existía una conciencia innata del extraordinario poder de las notas. A la leyenda de que la música de Mozart podía influir en el comportamiento de las personas, como se supone que ocurre en *Flauta mágica*, se le suma posteriormente una base científica denominada «efecto Mozart», que demuestra que la música estimula el desarrollo cerebral de los recién nacidos. Aunque la existencia de un efecto Mozart aún no está científicamente confirmada, está demostrado que ningún otro estímulo, como el musical, es capaz de «activar» tantas partes diferentes del cerebro, mientras que el lenguaje se limita a activar áreas específicas. Es como afirmar que los sonidos pueden tener una «fuerza comunicativa» superior a la de las palabras, sobre todo cuando se trata de evocar emociones.

Como de costumbre, el cine y la literatura van un paso por delante. Busca en Internet «secuencia de cinco notas». A pesar de la vaguedad de la búsqueda, en los primeros resultados aparecerá la referencia a la secuencia «sol, la, fa, fa bajo, do», que se hizo mundialmente famosa por ser el mensaje musical que utilizaron los extraterrestres para comunicarse en *Encuentros en la tercera fase*, el mundial éxito cinematográfico de Steven Spielberg. Un estudio de la revista científica *Intelligence Service Robotics* analizó los sonidos que utilizó R2-D2, el robot de *Star Wars*, y *Wall-E*, la estrella de animación de Pixar, para expresarse. Los autores sometieron las «frases» de los dos robots a una prueba de «reconocimiento» del

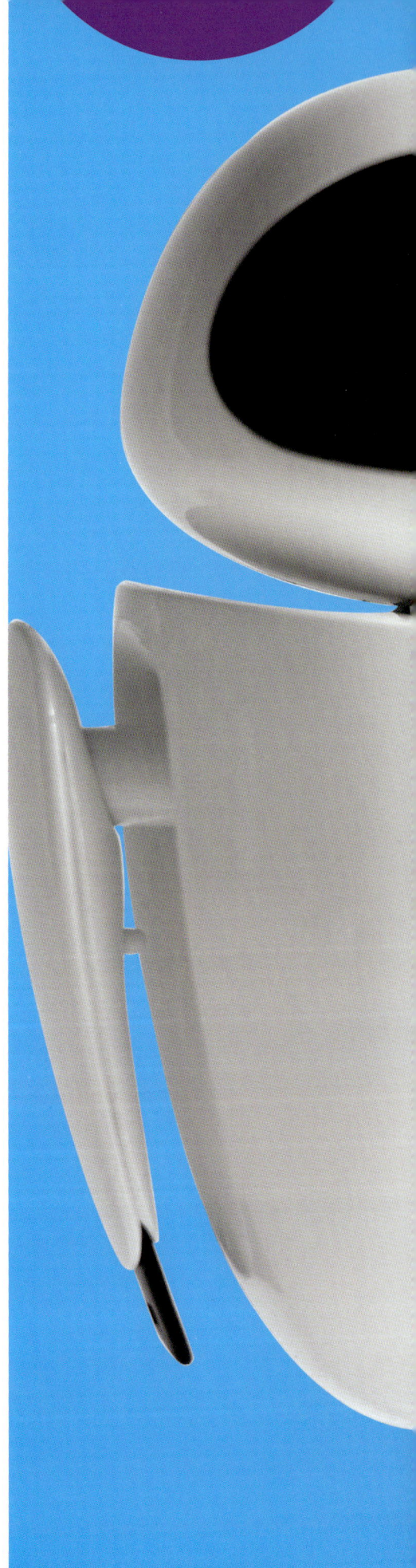

significado. El resultado mostró que bastaban cinco sonidos para la intención y tres para la emoción a fin de transmitir el significado emocional que querían. Y Oliver Sachs, el escritor médico, recopiló en *Musicofilia* las historias de sus pacientes con trastornos relacionados con los sonidos.

Acontecimientos humanos, a veces dolorosos, que demuestran una conexión entre la música y el cerebro que trasciende las capacidades del lenguaje. Un ejemplo representativo es el caso de un musicólogo que, tras perder la memoria a corto y largo plazo debido a una enfermedad encefálica, se convirtió en un hombre incapaz de recordar ninguno de los acontecimientos de su vida, pero que, al sentarse al piano, era capaz de tocar todo el repertorio clásico que conocía antes de su enfermedad.

El mensaje de Sachs es que la música apela a algo innato, primitivo, tanto que alimenta la teoría de que los primeros humanos, los australopitecos, cantaban (una especie de nana) antes de hablar. Una teoría que encuentra un respaldo fascinante en el hecho constatado de que incluso el Universo tiene su propia música: la radiación cósmica de fondo. Un sonido que ha permanecido variable a lo largo de sus miles de millones de años de existencia. Mark Whittle, de la Universidad de Virginia, ha analizado este sonido y descubrió que durante los primeros 400 000 años, la primera infancia del cosmos, aquel sonido era más agudo, como un llanto largo. Esto es suficiente para entender por qué la música representa un arma expresiva formidable para las máquinas inteligentes.

a la izquierda EVE, CUYO NOMBRE COMPLETO ES *EXTRATERRESTRIAL VEGETATION EVALUATOR*, ES UN PERSONAJE DE LA PELÍCULA DE ANIMACIÓN DE PIXAR, *WALL-E*. ES UNA SONDA ROBÓTICA AVANZADA, DISEÑADA PARA BUSCAR SIGNOS DE VIDA VEGETAL EN LA TIERRA Y DETERMINAR SI EL PLANETA VUELVE A SER HABITABLE.

12

LOS ANDROIDES

aprender a caminar

«Si quieres dar un paso hacia adelante, tienes que perder el equilibrio por un momento». Una frase bonita, con mil significados, que implica la conciencia de una pérdida voluntaria de control y que escribió el periodista italiano Massimo Gramellini. Esto se traduce, para un robot bípedo, en una tarea tan difícil que a menudo termina en una estrepitosa caída al suelo, ante el más mínimo imprevisto: bastan una alfombra o un pequeño empujón repentino para anular los cálculos más complejos del pequeño cerebro electrónico.

Hasta hace pocos años, y más concretamente hasta la aparición de los giroscopios electrónicos, el concepto de equilibrio era totalmente inaccesible para una máquina. Entre otras cosas porque caminar es realmente complejo incluso para un ser humano que, durante los primeros años de su vida, prefiere gatear a cuatro patas con total seguridad por el suelo.

Un problema que siempre se ha resuelto con todo tipo de trucos y artimañas. El robot clásico de los años sesenta, del que existen tantas reproducciones en modelos de hojalata con lucecitas y destellos, no caminaba realmente (como prometía la caja), sino que simplemente deslizaba los pies por el suelo. Debajo de cada pie, de grandes dimensiones, para bajar el centro de gravedad de la máquina y evitar caídas, siempre se ocultaban cuatro o más ruedecitas accionadas por un pequeño motor eléctrico.

El problema del equilibrio en los robots bípedos es precisamente la razón por la que se han desarrollado docenas y docenas de cachorros robóticos de cuatro patas, diseñados para sortear este desafío y permitir que la máquina pueda caminar.

página anterior ASIMO, EL ROBOT DE HONDA, ES EL SÍMBOLO DE LA AMPLIA INVESTIGACIÓN DE LA CASA JAPONESA HACIA UNA MOVILIDAD DIFERENTE Y SOSTENIBLE.

a la derecha EL ROBOT HUMANOIDE ATLAS, DE BOSTON DYNAMICS, EXPUESTO DURANTE EL SOFTBANK ROBOT WORLD EL 21 DE NOVIEMBRE DE 2017 EN TOKIO (JAPÓN). ES UNO DE LOS MÁS AVANZADOS DEL MUNDO.

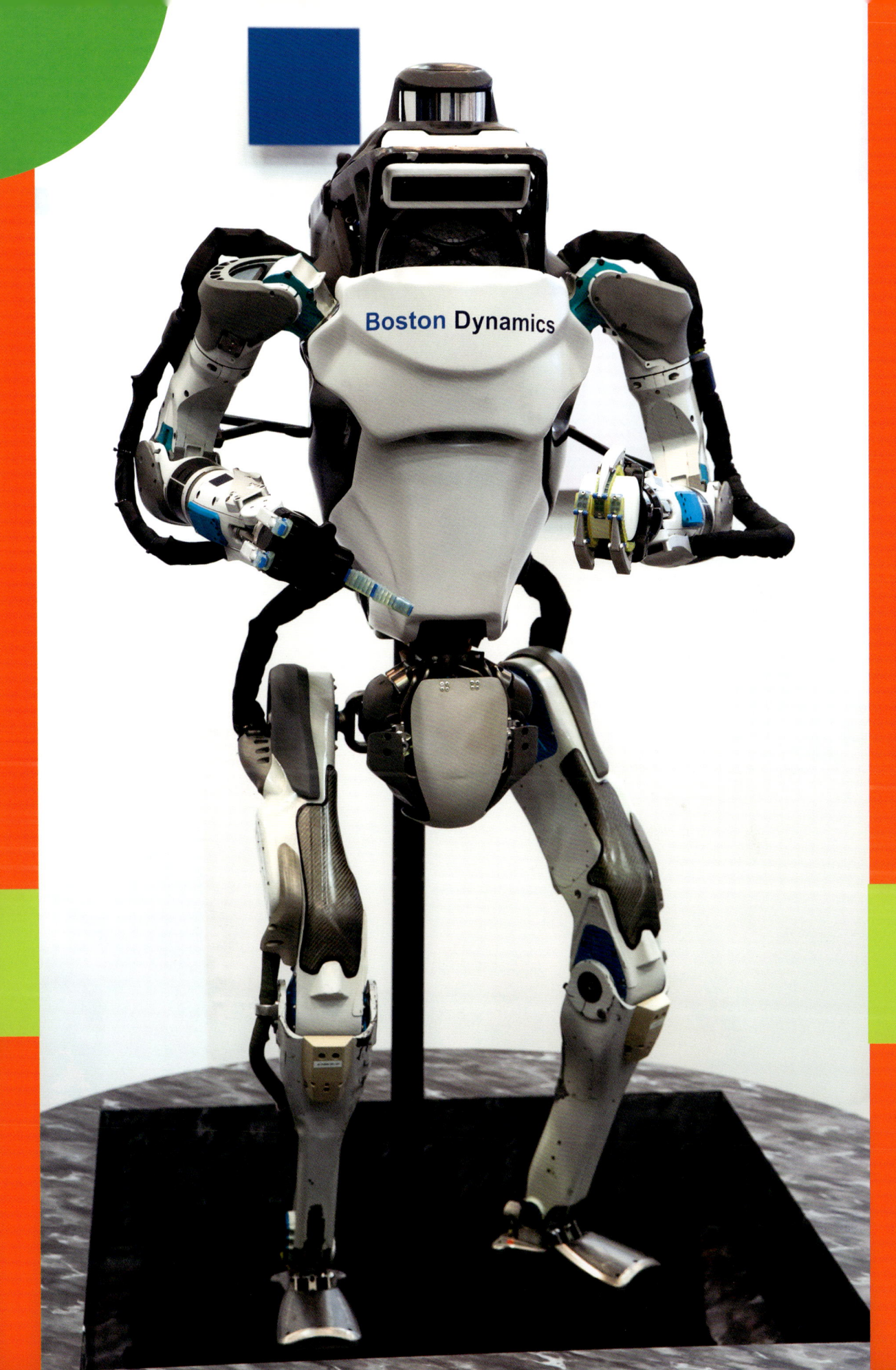

La historia de la robótica está llena de intentos por lograr que las máquinas caminen como los humanos, pero este objetivo aún no se ha alcanzado por completo. Ni siquiera el androide más avanzado de la actualidad, como el famoso Asimo de Honda, puede caminar de manera completamente natural. Asimo se ve obligado a mantener las articulaciones de las rodillas constantemente flexionadas para desplazar su centro de gravedad hacia adelante, equilibrándose con la ayuda de una pesada mochila sobre los hombros. Además, todavía no cuenta con actuadores elásticos tan funcionales como nuestros músculos, capaces de ajustar automáticamente la fuerza ejercida en respuesta a los más leves e inesperados cambios de estado.

Asimo, considerado uno de los androides más avanzados del mundo, es el fruto de más de una década de investigación por parte de los ingenieros de Honda. Fue concebido como símbolo de la multinacional japonesa y, en varias ocasiones, ha sido utilizado como representante oficial de Japón para recibir a jefes de Estado durante visitas diplomáticas. Asimo puede correr a una velocidad de unos 10 km/h, caminar por pendientes, terrenos irregulares y escaleras, dar patadas a una pelota e incluso saltar a la pata coja. Es capaz de reconocer la voz de una persona y reaccionar en consecuencia. Incluso en los detalles estéticos, Honda lo diseñó con el propósito específico de inspirar confianza y cumplir con una de las reglas más importantes en la creación de androides: un robot debe ser más pequeño que un ser humano y su apariencia no debe resultar intimidante. De hecho, Asimo solo mide 130 cm, pesa 50 kilos y su rostro se asemeja a un emoticono «sonriente».

Sin embargo, el único gran inconveniente de Asimo, al igual que de sus famosos colegas Atlas de Boston Dynamics, T-HR3 de Toyota e incluso a la sofisticada

a la izquierda AL ESTAR TAMBIÉN EQUIPADO DE UN CONTROL REMOTO POR INFRARROJOS, EL PEQUEÑO I-SOBOT PODÍA HACER MUCHÍSIMAS COSAS.

Sophia de Hanson Robotics, es que no están a la venta y nunca los veremos en nuestras casas. De hecho, su precio sería tan elevado que haría prohibitiva su comercialización masiva. Estos robots son muy importantes porque representan avances cada vez más significativos en la historia de la robótica y permiten que esta ciencia evolucione hacia nuevos niveles, pero, al no poder formar parte de nuestras vidas, no cambiarán nuestro día a día.

Incluso el precioso QRIO, el sofisticado androide desarrollado por Sony en 2004 como sucesor natural del AIBO, del que ya hemos hablado extensamente, estaba destinado a quedarse en un prototipo, una quimera de la robótica doméstica. La gran crisis económica a principios del nuevo milenio, que afectó al mundo enero, llevó a la multinacional japonesa a cerrar su división de investigación y desarrollo en robótica, y QRIO nunca llegó a producirse.

Tendremos que esperar muchos años más para ver un androide de verdad paseando por casa. En Japón, el mérito es de ZMP, que, después de intentos maravillosos y excéntricos, entre los que destaca el extraño y bonito cíclope NUVO de 2004, capaz de andar (de manera torpe), dar volteretas y hacer fotografías gracias a la pequeña cámara oculta en su único y gran ojo, alcanzó el éxito con la perfección del robot PINO. Inspirado en el cuento de Pinocho, del que ya hemos hablado, PINO fue durante años la plataforma de referencia para los estudiantes de robótica en muchas universidades del mundo. La verdadera revolución en el mundo de los androides llegó en 2006 desde Francia, específicamente desde una *start-up* de la Universidad de París llamada Aldebaran Robotics, que posteriormente fue adquirida por la japonesa SoftBank. El humanoide NAO era, y sigue siendo, una maravilla. Instintivamente simpático, blanco y sonriente, con manos prensiles y pulgares oponibles, con casi 60 centímetros de altura, 5 kilos de peso y 25° de libertad de movimiento, NAO finalmente pudo ser adquirido por cualquier persona, ya fuera como pasatiempo o plataforma de estudio. Su precio, superior a los 4000 euros, no lo convertía precisamente en una compra accesible para todos, pero su comercialización permitió que cada vez más personas se familiarizaran con el mundo de los robots. La política de Aldebaran fue muy inteligente: ofreció acceso gratuito al *kit* de desarrollo del robot, lo que facilitó que cualquiera pudiera crear *software* para su plataforma. Por esta razón, abundan los archivos de *software* dedicados y aplicaciones que permiten a NAO hacer infinidad de cosas: además de NAO Life, un *software* que de alguna manera le permite simular una especie de vida autónoma en casa, puede jugar a las cartas, charlar e incluso contestar al teléfono por su dueño humano.

a la izquierda TRAS EL ÉXITO DE AIBO, EL 18 DE DICIEMBRE DE 2003, EN TOKIO, DURANTE UNA CONFERENCIA DE PRENSA, SONY PRESENTA A QRIO, EL PRIMER ROBOT HUMANOIDE FUNCIONAL DEL MUNDO. SONY ANUNCIA EL DESARROLLO DEL MOVIMIENTO POTENCIADO DEL ROBOT, QUE PERMITE EL CONTROL INTEGRADO PARA CAMINAR, SALTAR, CORRER E INCLUSO LANZAR UNA PELOTA. TRES AÑOS DESPUÉS, EN 2006, SE ABANDONA EL PROYECTO.

Es interesante saber que el segundo robot programado por Aldebaran Robotics, Pepper, un androide de dimensiones casi humanas, es un gran animador también con fines comerciales (en Japón no es raro verlos en aeropuertos, cines o frente a las tiendas como reclamo para el público). Sin embargo, Pepper no puede caminar, sino que se desplaza sobre ruedas ocultas bajo la base en la que se apoya. Como si dijéramos que, una vez alcanzado un objetivo, el cual en realidad es innecesario y consume mucha energía para una máquina, se puede recurrir a la tecnología más eficiente para un robot. Mucho más económico, pero merecedor de un lugar en el famoso Libro Guinness de los récords como el androide más pequeño del mundo, es I-Sobot, del 2008. Fue el último heredero de la gloriosa dinastía de Omnibots de Takara Tomy, que dieron el pistoletazo de salida a la robótica doméstica ya a principios de los años ochenta. Con 16,5 centímetros de altura, I-Sobot contaba con una notable tecnología de reconocimiento de voz que le permitía reconocer más de 200 comandos para ejecutar otras tantas acciones: bailaba, cantaba, hacía flexiones y gimnasia, e incluso imitaba combates con armas blancas o duelos al más puro estilo del Lejano Oeste.

Quien merece una mención de honor es el precioso ROBI, creado por el maestro japonés Tomotaka Takahashi, ya famoso por haber desarrollado el primer robot androide enviado al espacio en colaboración con la división japonesa de la editorial De Agostini. Vendido en fascículos en 2014 en muchos países del mundo, ROBI permitió que un pequeño robot humanoide entrara en los hogares de muchos aficionados a un precio accesible. ROBI reconoce hasta 250 comandos de voz, camina, canta y baila, habla y es capaz de encontrar por sí mismo su estación de carga.

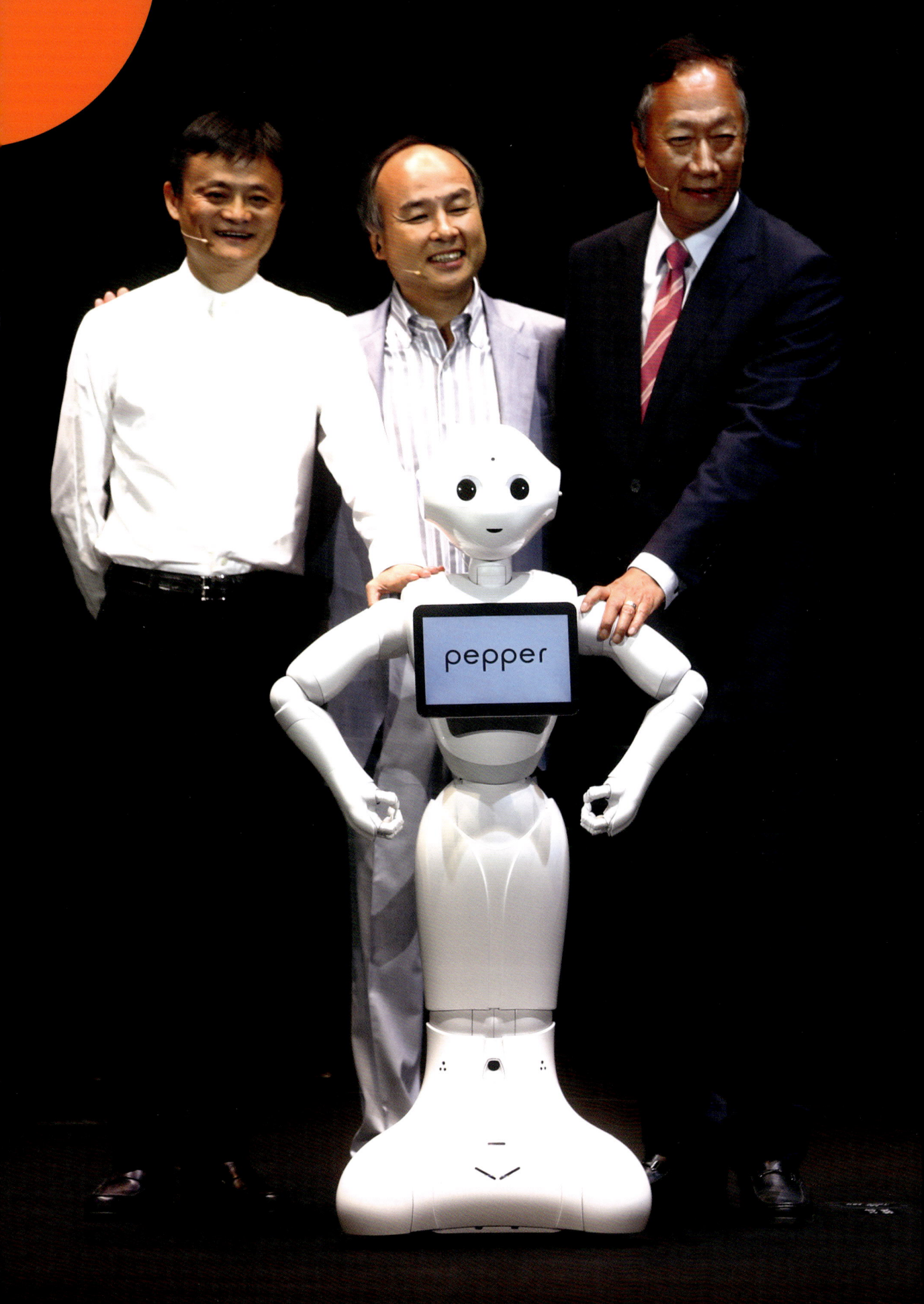

1 Un robot debe proteger su existencia a toda costa.
«Salvarse el culo»

2 Un robot debe obtener y mantener el acceso a su propia fuente de energía.
«Alimentar su culo»

3 Un robot debe buscar continuamente mejores fuentes de energía.
«Encontrar una casa mejor»

arriba MARK TILDEN HA REESCRITO LAS TRES LEYES DE LA ROBÓTICA DE ASIMOV, CAMBIANDO LA PERSPECTIVA DESDE EL PUNTO DE VISTA DE LOS ROBOTS... Y CON UN TOQUE DE HUMOR.

a la derecha MARK TILDEN, INVESTIGADOR DE WOWWEE, CON LOS ROBOTS QUE DESARROLLA EN SU OFICINA EN EL ÁREA URBANA DE TSIM SHA TSUI, EN CHINA.

página siguiente LOS ROBOTS DE LATA DE LA PRIMERA MITAD DEL SIGLO XX SE HAN CONVERTIDO EN LOS OBJETOS DE COLECCIÓN MÁS BUSCADOS EN TODO EL MUNDO.

No hace falta decir que el mayor éxito comercial de un robot androide corresponde a un juguete. Estamos hablando del inolvidable Robosapien, vendido en todo el mundo por WowWee Robotics. Camina, habla, eructa y silba, y representa la visión exacta de la robótica según su creador, Mark Tilden, un científico de la NASA que decidió abandonar su carrera académica para perseguir sus sueños y desarrollar juguetes. De hecho, sus ideas fueron bastante impopulares en el mundo académico porque abandonaban la idea de simular la realidad a través de la mecánica, adoptando tecnologías más sencillas y funcionales, a menudo inspiradas en la observación de organismos más simples que el ser humano, como los insectos. Tilden, genio y visionario, formuló su propia teoría de la vida robótica llamada BEAM (Biología, Electrónica, [A]estética y Mecánica), con la que intentó responder a la pregunta que le había acompañado durante tantos años: si la madre naturaleza creó la vida de la nada, ¿por qué los robots deben ser tan complicados? Cansado de someterse a ideas demasiado estereotipadas para él, Tilden optó por ponerse del lado de los robots y empezó a trabajar en proyectos que «tenían que imitar la vida».

Ecléctico imitador de Asimov, decidió incluso escribir tres nuevas leyes de la robótica desde una perspectiva completamente inusual, poniéndose del lado del robot y no del humano. Para comprender mejor el pensamiento de Tilden, es necesario observar cómo aplicó esta idea en el desarrollo de su obra maestra: Robosapien. Mientras que un androide convencional necesita al menos ocho motores digitales en la cadera y las piernas para lograr caminar, Robosapien puede hacerlo con un solo motor y dos grandes resortes en cada pierna, con un consumo energético insignificante en comparación con sus colegas más complejos. ¿Cómo lo hace? El motor empuja una pierna hacia abajo comprimiendo el resorte. Cuando este se extiende, libera energía que la hace «rebotar», tras lo cual comprime él a su vez el resorte de la otra pierna. Y repitiendo este ingenioso proceso, Robosapien logra un caminar tan divertido como funcional.

La filosofía de Tilden no solo buscaba funcionalidad a través de la simplicidad, sino también reducir el coste de sus robots: Robosapien, que podía realizar muchas más acciones que otros robots más prestigiosos y complejos, vendió 22 millones de unidades porque solo costaba 99 dólares.

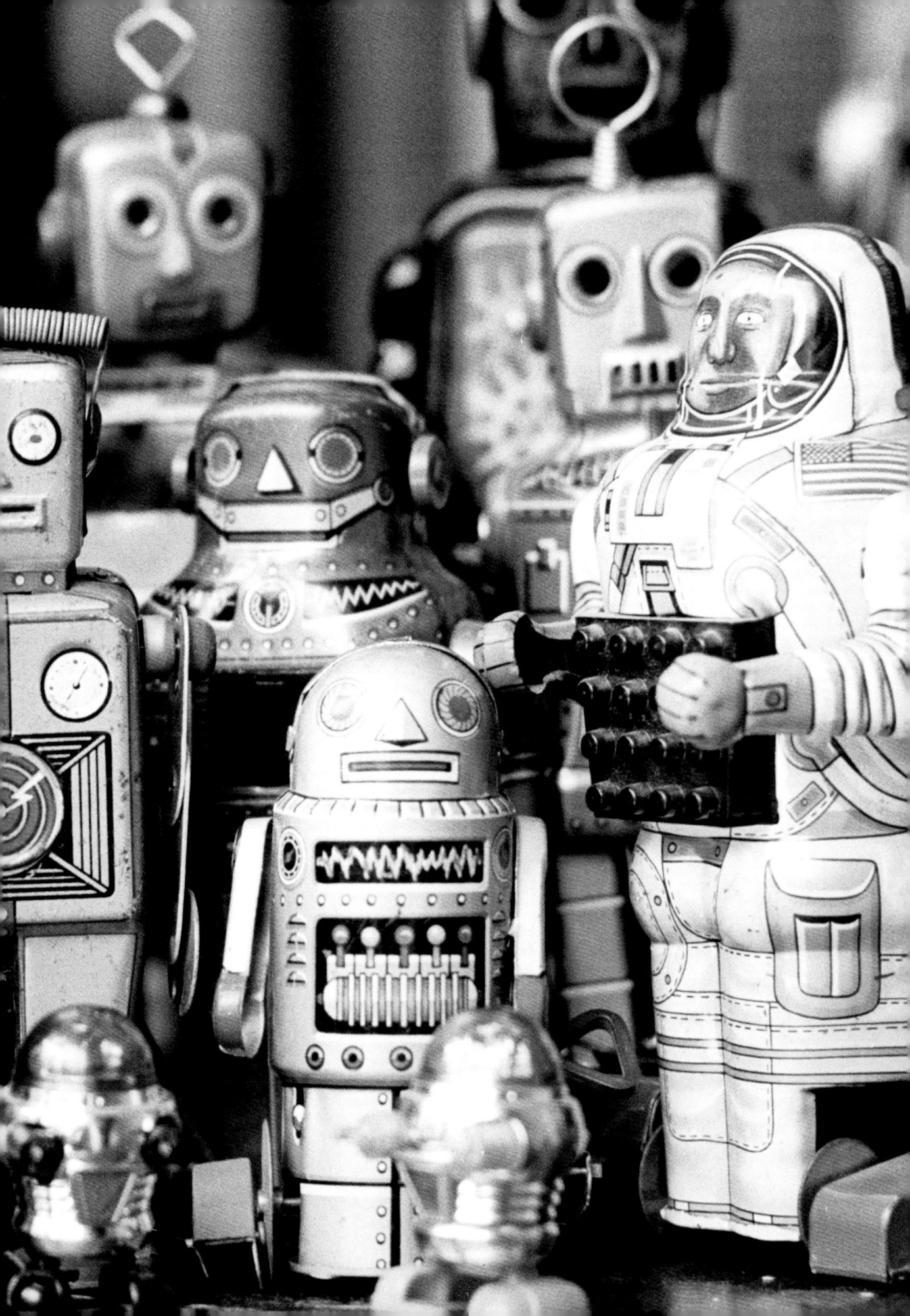

13

APRENDER CON LOS ROBOTS

ayudándonos mutuamente

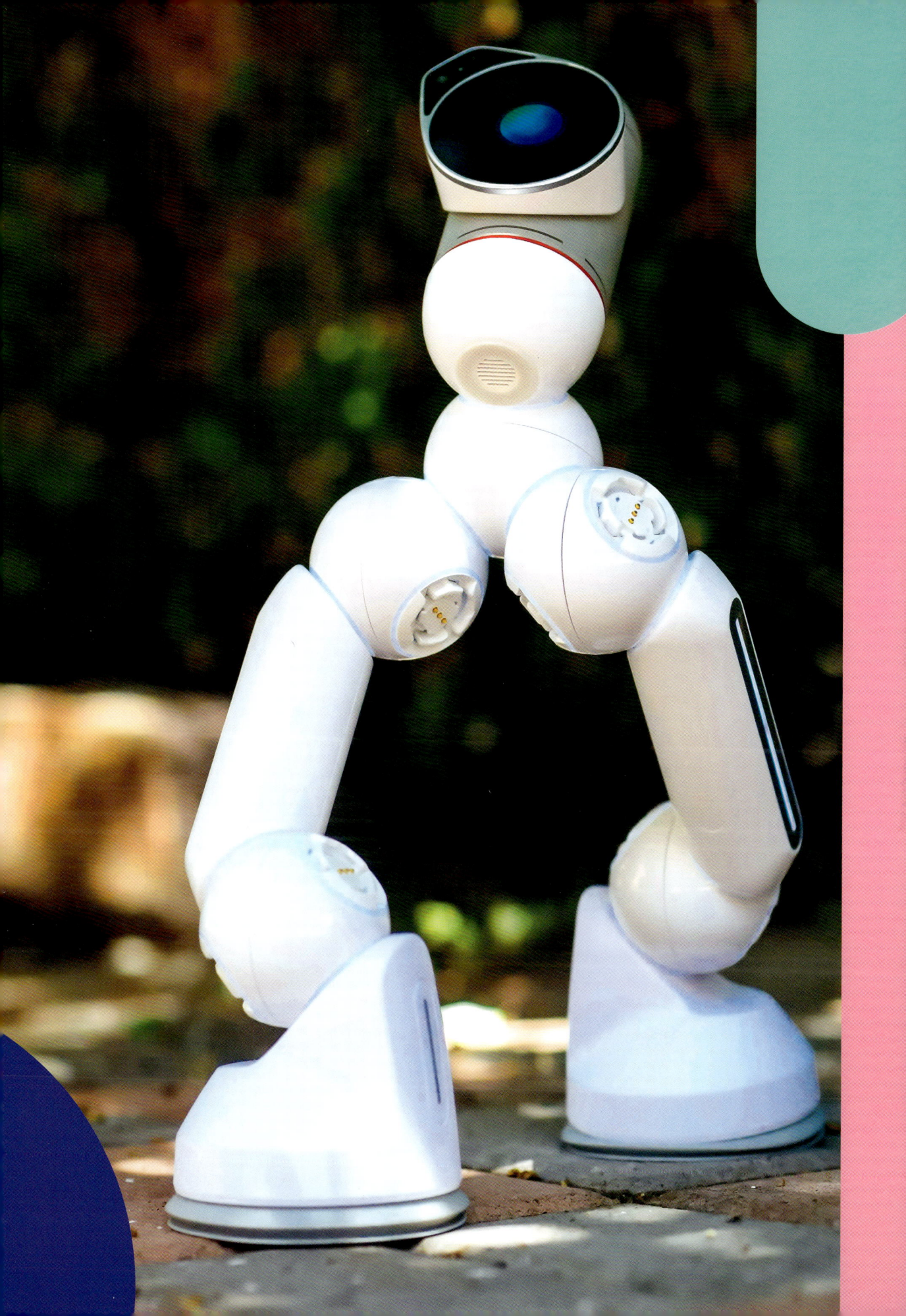

Hoy en día los robots están en todas partes, delante de nosotros, a nuestro alrededor... por todos lados. Aunque aparentemente no los veamos. No los vemos porque simplemente no pensamos en ellos como robots.

Como hemos visto, los robots ya no son solo personajes de ciencia ficción o máquinas que realizan tareas repetitivas en fábricas, ni tampoco curiosos animalitos animados por mecanismos y electrónica. También se han convertido en herramientas de aprendizaje que adoptan distintas formas: *kits* para montar y programar, autómatas con inteligencia artificial, máquinas electrónicas pensantes.

En 1995, Saitek, la empresa fundada en 1979 por el tecnólogo suizo Eric Winkler, la cual producía juegos de ajedrez electrónicos y fue adquirida en 2016 por Logitech, comercializó un extraordinario modelo de tablero de ajedrez electrónico, capaz de mover las piezas de ajedrez de forma autónoma gracias a sensores, mecanismos e imanes ocultos dentro del propio tablero. Conectado al ordenador, el Kasparov PC Auto Chessboard era capaz de leer los movimientos del rival conectado a distancia y replicarlos en el tablero. Si no se disponía de un oponente en carne y hueso, siempre se podía optar por un oponente gestionado por el *software* (lo que hoy llamaríamos un «bot») para que ocupara su lugar.

Ese tablero de ajedrez creció en 2021, se convirtió en *crowdfunding* y ha adoptado el nombre de Phantom. Se trata de una evolución que tiene en cuenta la posibilidad de utilizar aplicaciones, inteligencia artificial y conexión a Internet para replicar los movimientos decididos por los jugadores durante los desafíos a través del *smartphone* y el ordenador.

arriba EL TABLERO DE AJEDREZ ELECTRÓNICO PHANTOM, HECHO TOTALMENTE EN MADERA, OCULTA UN CORAZÓN ELECTRÓNICO QUE LE PERMITE MOVER LAS PIEZAS POR SÍ MISMO Y JUGAR CONTRA SU «INTELIGENCIA» O CONTRA UN SER HUMANO, INCLUSO A DISTANCIA.

página anterior LA SERIE CLICBOT, DE KEYI TECH, OFRECE CONFIGURACIONES INFINITAS, CADA UNA CON UN MOVIMIENTO Y UNA PERSONALIDAD ÚNICOS.

Phantom es un robot en toda regla: razona, mueve piezas de forma autónoma y enseña a jugar. Porque de los robots se puede aprender. Mucho. Tanto es así que todos sabemos a estas alturas cómo las disciplinas STEM (siglas en inglés de Ciencia, Tecnología, Ingeniería y Matemáticas) son fundamentales para enfrentarse a una modernidad cada vez más compleja y en constante cambio, y que pueden aprenderse precisamente gracias a los robots y a su capacidad para ejecutar «órdenes» programadas por los estudiantes para realizar determinadas tareas o competir en desafíos reales entre centros escolares.

Los robots se han utilizado con éxito como tutores para el aprendizaje personalizado. Gracias a su capacidad para adaptarse a las necesidades individuales, son capaces de ofrecer explicaciones claras y detalladas sobre temas complejos.

Un robot puede ayudar a los estudiantes a comprender conceptos matemáticos, resolver ecuaciones y proponer ejercicios personalizados para mejorar sus habilidades. Ejemplos de este tipo de robots son el Lego Mindstorms Education EV3, un *kit* que permite a los estudiantes diseñar, montar y programar robots educativos, o el Fischertechnik, utilizado para introducir a los estudiantes en el mundo de la robótica y permitirles construir y programar modelos robóticos ofreciendo experiencias de aprendizaje prácticas y atractivas en las que los estudiantes, incluso siendo niños, pueden programar robots para realizar acciones específicas, aprendiendo así los conceptos de secuencia, lógica y elementos algorítmicos.

Otros ejemplos de éxito son los *kits* ClicBot, robots modulares inteligentes diseñados con fines educativos y de entretenimiento. Parece que son bloques de construcción que se ensamblan sin tornillos, tuercas ni cables, lo que permite construir y desmontar tus propias creaciones rápidamente. Son totalmente programables, con diferentes modos, incluyendo la programación de movimientos sin necesidad de conocimientos de codificación.

Los Sphero Bots, robots esféricos completamente programables, se utilizan como herramienta educativa para enseñar las bases de la programación y el pensamiento lógico a niños y estudiantes a través del juego y las actividades STEM. Se pueden programar con tres modos diferentes: dibujo, bloques y código de texto, lo que los hace accesibles a todos los niveles de experiencia.

A la izquierda EL *KIT* LEGO MINDSTORMS EV3 (EVOLUTION 3) PARA CONSTRUIR UNA AMPLIA GAMA DE ROBOTS; DESDE VEHÍCULOS SIMPLES HASTA ROBOTS COMPLEJOS QUE RESUELVEN ROMPECABEZAS O SIGUEN LÍNEAS TRAZADAS. EL *KIT* INCLUYE MOTORES, SENSORES Y UN LADRILLO PROGRAMABLE QUE FUNCIONA COMO CEREBRO DEL ROBOT.

Los Lego WeDo son *kits* educativos producidos por LEGO Education, capaces de combinar los clásicos bloques LEGO con *software* y sensores para enseñar las bases de la robótica y la programación.

Los robots pueden enseñar lenguas extranjeras, ofreciendo conversaciones realistas y corrigiendo la pronunciación de los estudiantes, especialmente hoy en día gracias a la evolución y facilidad de ejecución de la inteligencia artificial generativa. Un ejemplo es Yuki, el primer profesor de robótica presentado en Alemania en 2019. Yuki mide 1,2 metros, es muy servicial y está extremadamente bien informado. Ya ha empezado a dar clases a estudiantes universitarios en la Universidad Philipps de Marburgo, enseñando idiomas, tratando de entender cómo les va a los estudiantes académicos y qué apoyo necesitan. También puede hacerles exámenes.

Pero los robots incluso pueden enseñar empatía y habilidades sociales, como los que se han creado para ayudar a desarrollar competencias sociales y de comunicación a los niños con trastornos del espectro autista.

Un ejemplo es Kaspar, un robot disfrazado de niño que no hace más que sonreír, saludar y abrazar, intentando transmitir una pequeña dosis de calidez humana. De hecho, no es una maravilla tecnológica, teniendo en cuenta lo que es capaz de hacer, pero su punto fuerte es precisamente ese: un autómata es predecible, repetitivo y poco expresivo y, por tanto, extremadamente reconfortante para un niño autista. Gracias a estas sencillas interacciones, los pacientes mejoran significativamente, hasta el punto de llegar a abrazar espontáneamente a personas reales a los pocos meses de tratamiento.

También hay robots capaces de crear arte pintando cuadros, como Ai-Da, el autómata de rasgos femeninos y pelo negro en casquete que, gracias a sus brazos robóticos, pinta y enseña a pintar creando cuadros diseñados por iA. Creada en 2019 por Engineered Arts e investigadores de la Universidad de Oxford, Ai-Da (llamada así en honor a la matemática y científica inglesa Ada Lovelace) fue la protagonista de *Ai-Da Self Portraits:* un proyecto dedicado a la autorrepresentación en respuesta a estas preguntas: ¿cómo es posible hablar de autorrepresentación cuando la persona llamada a retratarse carece de componente humano? ¿Hasta qué punto podemos demostrar que el instinto de representación es una cualidad que se atribuye únicamente a los artistas de carne y hueso? En respuesta a estas preguntas, Ai-Da presentó una selección de autorretratos: tres obras de gran tamaño creadas después de mirarse al espejo o, mejor dicho, después de haber «traducido» en signos gráficos los estímulos percibidos al observar su reflejo. Ai-Da no solo sabe pintar, también sabe escribir,

a la derecha EL ROBOT HUMANOIDE ULTRARREALISTA AI-DA, DISEÑADO PARA CREAR ARTE. DESARROLLADO POR AIDAN MELLER EN COLABORACIÓN CON LA EMPRESA DE ROBÓTICA ENGINEERED ARTS Y FINALIZADO EN 2019, AI-DA LOGRÓ INCLUSO DIBUJAR UN AUTORRETRATO Y SUS OBRAS SE HAN EXPUESTO EN IMPORTANTES GALERÍAS Y MUSEOS.

como el autómata imaginario que se cuenta en la novela *La extraordinaria invención de Hugo Cabret*, y en la que se inspiró Martin Scorsese para su película *La invención de Hugo* (*Hugo*, en la versión original). En el futuro, aprender a escribir o a tocar un instrumento musical será más fácil gracias a un robot conectado en red que nos guiará para realizar los movimientos correctos. El principio es el mismo que el de los exoesqueletos utilizados en rehabilitación, y estará disponible gracias al proyecto Conbots, coordinado por la Universidad Campus Bio-Médico de Roma y financiado con casi cinco millones de euros por el programa europeo «Horizon 2020». Un proyecto que cuenta con socios como el Imperial College de Londres, la Universidad belga de Gante, la Scuola Superiore Sant'Anna de Pisa, además de tres empresas internacionales de renombre como IBM, Iuvo y Arvrtech. El instrumento que se fabricará sigue «un concepto nacido para la rehabilitación, con los primeros prototipos de exoesqueletos creados para pacientes con ictus», explica el coordinador del proyecto, Domenico Formica, y tendrá como objetivo fabricar «un manguito con motores que puedan guiar el movimiento».

Por ende, los robots nos acompañarán cada vez más en la vida y podrán hacernos mejores en muchos aspectos.

página siguiente EL USO DE ROBOTS COMO KASPAR PERMITE OFRECER UN APOYO IMPORTANTE A LOS NIÑOS CON AUTISMO, AYUDÁNDOLES A DESARROLLAR SUS HABILIDADES DE INTERACCIÓN SOCIAL.

14

ROBOT TERAPIA

sexo, soledad y medicina

Los robots también son máquinas perfectas para asistirnos en momentos de necesidad y quizás los estamos creando precisamente para eso, para asegurarnos de que alguien pueda cuidarnos siempre, sin tener otras preocupaciones en la cabeza. Este también es el deseo de Alberto Sordi en *Caterina y yo*, una película de 1980 en la que un robot con apariencia femenina termina siendo muy celosa de su «dueño», mostrándose más agresiva que las mujeres de carne y hueso a las que ama el protagonista.

Ian Pearson, futurólogo y político británico, calcula que en 2050 los humanos tendrán más relaciones sexuales con robots que entre sí, y en el Reino Unido y Japón se han abierto clubes para adultos con muñecas robóticas.

En 1997, Matt McMullen, estudiante de artes aplicadas y aficionado a los cómics, empezó casi como un juego a crear figuras de mujeres y hombres perfectos para exponerlos en ferias y eventos, sin prever un uso sexual. Sin embargo, dada la enorme demanda, se dio cuenta de que el verdadero beneficio vendría de crear las «Real Dolls», como él las llamaba: muñecas de silicona que parecen personas reales a todos los efectos, aunque estáticas.

El gran avance se produjo cuando McMullen, en colaboración con Realbotix, lanzó al mercado su primer modelo de «robot sexual» con inteligencia artificial, capacidad de movimiento y una personalidad propia. Harmony (ese es su nombre) tiene una cabeza robotizada que mueve los labios y reproduce diversas expresiones faciales, además de saber hablar e interactuar gracias a su conexión con inteligencia artificial. Unos sensores en su piel le permiten detectar dónde y cómo la acarician, y unos dispositivos calefactores mantienen el material de silicona de su piel a una temperatura siempre agradable. Aunque algunos la utilizan para el sexo, Harmony (que también existe en versión masculina) fue en realidad

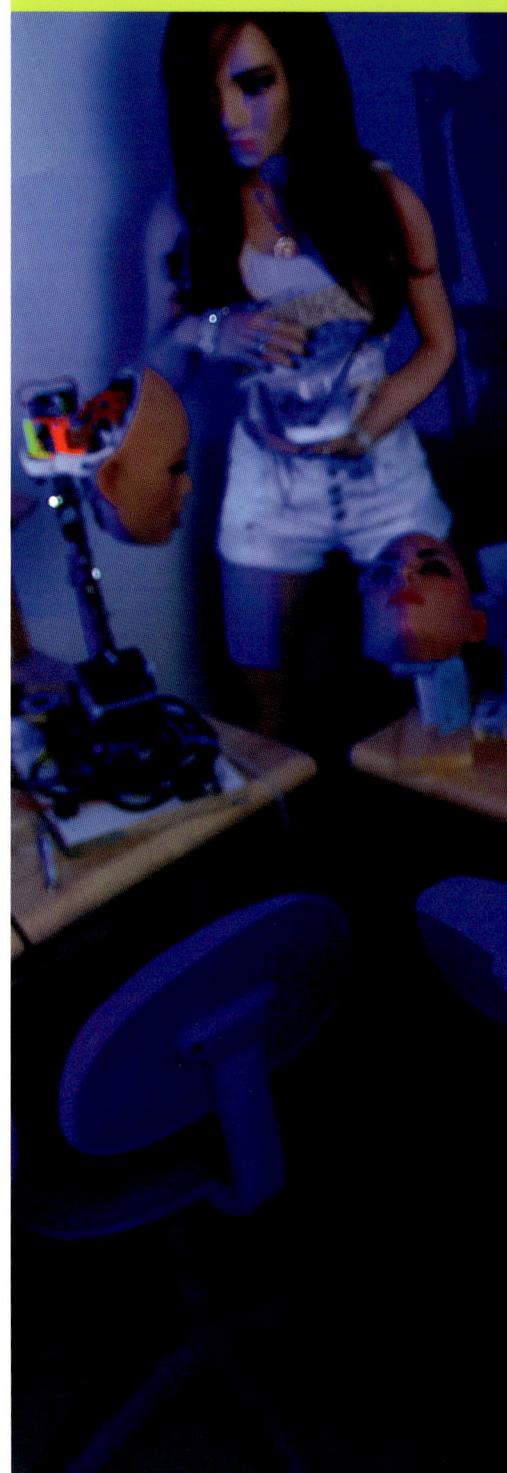

página anterior DURANTE EL FORO ZGC DE PEKÍN ES NORMAL QUE NOS RECIBAN E INTERACTUEMOS CON ROBOTS HUMANOIDES INCREÍBLEMENTE REALISTAS.

arriba MATT MCMULLEN PRESENTA UNA DE LAS MUÑECAS ROBOT CREADAS POR SU EMPRESA, REALBOTIX, ESPECIALIZADA EN EL DESARROLLO DE ROBOTS HUMANOIDES CON INTELIGENCIA ARTIFICIAL INTEGRADA. GRACIAS A SUS 14 PUNTOS DE MOVIMIENTO FACIAL, LA CABEZA ROBÓTICA M3 TIENE MOVIMIENTOS MÁS REALISTAS Y MAYOR EXPRESIVIDAD.

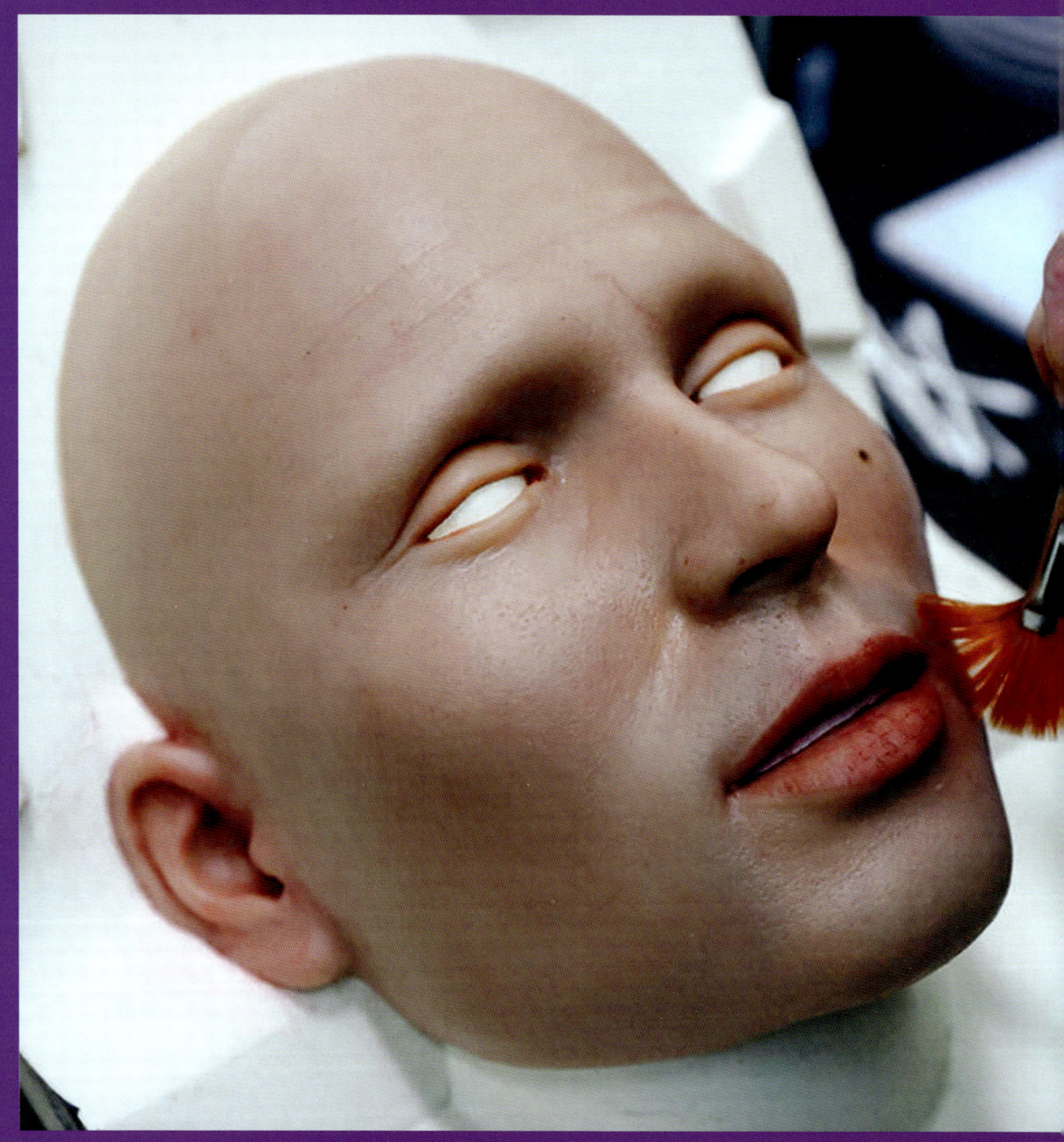

diseñada para ofrecer una experiencia de compañía e interacción, no solo sexual, ya que el objetivo principal es dar la oportunidad de acercar al ser humano real al ser humano sintético.

En 2024, durante la conferencia anual del Foro ZGC, uno de los eventos más prestigiosos del mundo en Ciencia, Tecnología e Innovación, y el más importante de China, donde se reúnen emprendedores, académicos, líderes políticos e innovadores de todo el mundo, el robot TongTong fue nombrado una de las diez innovaciones científicas más interesantes. TongTong es la primera persona digital inteligente del mundo para un uso general. Con zapatos rojos, pantalones rosas y una camiseta blanca con una cinta en la cabeza, TongTong puede interactuar cara a cara con «papá» y «mamá», entender sus intenciones y realizar tareas como ayudarles a limpiar el suelo, lavar un trapo sucio y encender la televisión.

Este prototipo de humanoide inteligente creado por el Beijing Institute for General Artificial Intelligence (BIGAI) ha desarrollado una IA especial llamada TongTong dedicada específicamente a familias que no pueden tener hijos reales. Diseñada para parecerse y comportarse como una niña de tres o cuatro años, TongTong utiliza inteligencia artificial para interactuar de manera natural y realista. También es capaz de adaptarse a las condiciones ambientales y al estado de ánimo de las personas que la rodean.

El *Global Times*, el tabloide en inglés del *People's Daily*, portavoz del Partido Comunista, tuvo la oportunidad

a la izquierda EL FUNDADOR DE REALBOTIX, MATT MCMULLEN, TRABAJA PERSONALMENTE EN EL ROSTRO DE UN ROBOT EN EL LABORATORIO DE LAS VEGAS.

de «conocerla» y proporcionó una descripción detallada.

TongTong se guía por dos sistemas cognitivos: el sistema U (capacidad) y el sistema V (valor), que aborda las tareas de manera única, dependiendo de su estado actual, que se evalúa a través de cinco dimensiones: hambre, aburrimiento, sed, cansancio y sueño. Su sistema mental y de valores es comparable al de un niño de tres o cuatro años. A medida que siga desarrollándose y repitiéndose, se volverá más vívida, animada y real, al igual que los humanos. Una vez establecido el marco básico, similar a como se desarrolla y descubre el potencial de un niño, la capacidad de aprendizaje de TongTong se acelerará y, en dos o tres años, probablemente pasará de los tres a los dieciocho años. Además, los investigadores han demostrado con experimentos que esta niña robótica también puede tener conciencia de sí misma.

El objetivo de BIGAI es que TongTong realice tareas como ayudar a los humanos a servir té y agua, hacer compañía y llevar a cabo más tareas en residencias de ancianos. Además, el instituto planea crear una «familia» TongTong, que incluirá abuelos, hermanos pequeños y amigos de la guardería.

A pesar de los interrogantes que plantea el invento, incluidos los éticos, sobre los rasgos «humanos» del humanoide, que aún no se han demostrado, la descripción que hace el *Global Times* es muy sugerente en cuanto a las características relacionadas con las relaciones personales y los cuidados.

Mientras esperamos ver los avances de TongTong, ya está disponible y es ampliamente utilizado NAO, el fascinante robot humanoide creado por Aldebaran (al que conocimos en las páginas anteriores). Con una altura de 58 cm, es muy agradable a la vista y, gracias a su constante evolución, se ha convertido en

a la derecha EL HUMANOIDE NAO, EQUIPADO CON EL *SOFTWARE* ZORA, ES UTILIZADO POR LOS EMPLEADOS DE LA RESIDENCIA DE ANCIANOS Y DURANTE LAS SESIONES DE GIMNASIA. ZORA HABLA, CANTA, BAILA Y SE MUEVE PARA CONECTAR CON LOS RESIDENTES.

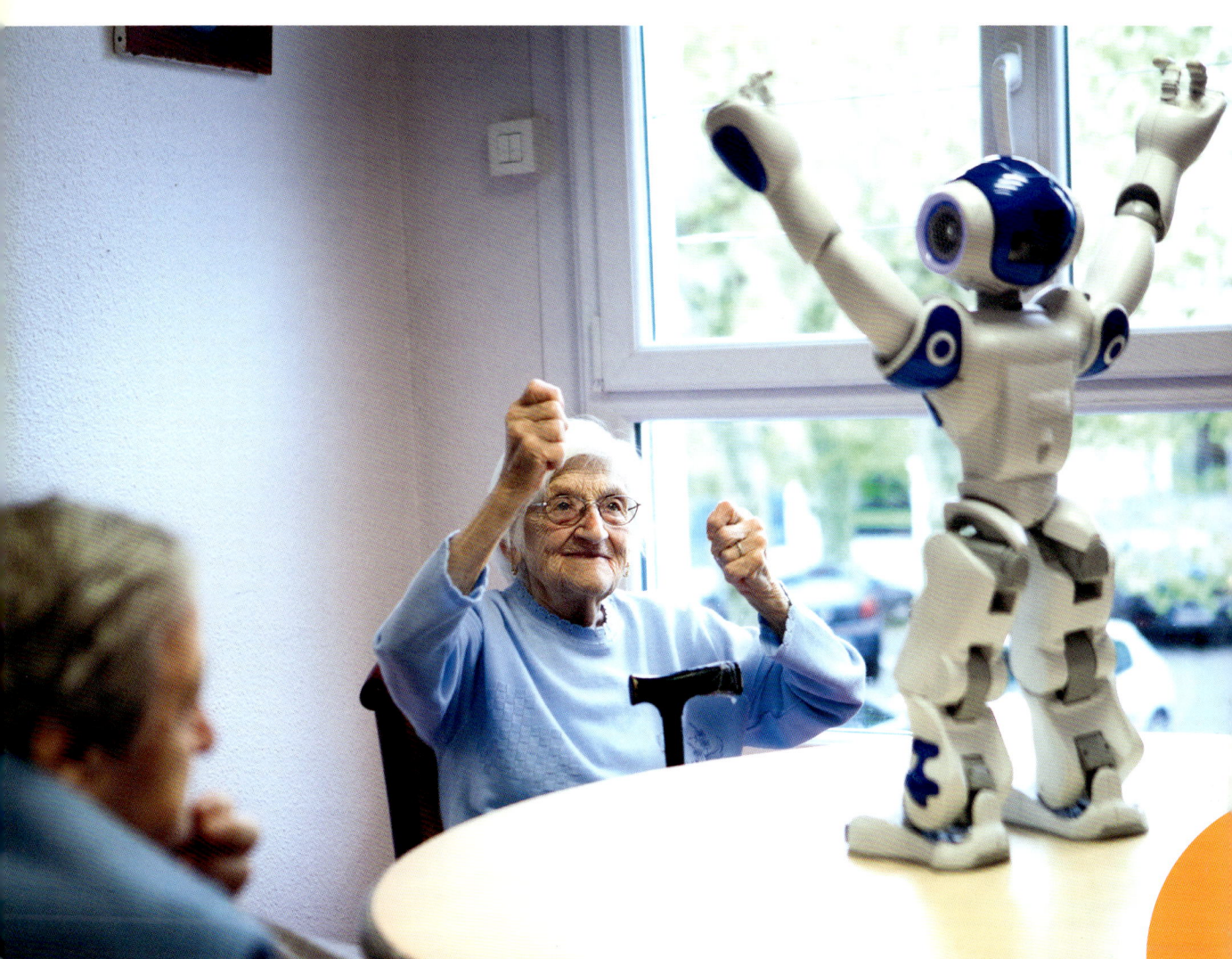

un estándar en educación e investigación, especialmente como ayuda en el tratamiento de personas con autismo. De hecho, NAO aprende a partir de los datos adquiridos directamente sobre cada niño mediante vídeos y grabaciones fisiológicas realizadas previamente, lo que le permite intervenir durante las sesiones imitando las mismas emociones que la persona que tiene delante, cambiando de vez en cuando el tono de su voz y el movimiento de sus extremidades. Importantes investigaciones del Massachusetts Institute of Technology, que lo creó, han demostrado que NAO es capaz de interactuar con los niños de una forma cautivadora, que despierta curiosidad y atrae la atención, como si fuera una persona real para los niños y no un simple juguete. De esta manera, los datos que el humanoide obtiene de la interacción natural con el niño son absolutamente fiables y espontáneos. Además, la interacción con un robot que se comporta más o menos de la misma manera es menos frustrante para los niños que con un adulto humano que tiende a adoptar expresiones faciales complejas y variadas.

15

ENCUENTRO CON LAS IA

el momento decisivo

Es lo que pasa siempre. Estábamos empezando a disfrutar cuando llegamos al último capítulo de la historia, la historia de los robots mascota, de los robots domésticos. En nuestro camino nos hemos topado con cachorros y androides, músicos y muchos juguetes, pero parece que el viaje ha durado menos de lo que esperábamos. Y es cierto, porque nuestra vida con los robots comienza hoy, con el encuentro entre la máquina y la inteligencia artificial. Todos, absolutamente todos los robots que hemos visto hasta ahora, eran capaces de hacer pocas cosas. Incluso las máquinas animadas por el *software* más complejo, como el mítico AIBO de Sony que, al ponerlas a prueba, resultaron ser capaces de repetir una secuencia más o menos larga de acciones programadas para simular empatía y comunicación con los seres humanos. ¿Pero qué pasa con la capacidad de organizar la información, de improvisar, de adaptarse a la vida, e incluso de aprender a realizar nuevas acciones, que dependen de la necesidad del momento? En resumen, ¿por qué hasta ahora los robots no han sido capaces de ser como nosotros? Porque hasta ahora, los robots no han tenido la inteligencia suficiente para observar y aprender; solo para repetir lo que sabían hacer gracias a una programación preestablecida. Aunque la mecánica ya permite acciones complejas y organizadas, el robot simplemente es incapaz de conceptualizarlas o imaginar su necesidad. Pero el 30 de noviembre de 2022, con el anuncio de la apertura al público de ChatGPT, ocurrió algo cuya importancia aún no comprendemos del todo, aunque es seguro que pronto esta fecha se estudiará en los libros de texto. A poco más de un año desde que se dio acceso a una inteligencia artificial generativa a cualquier persona en el mundo, el panorama ya ha cambiado. Y es muy probable que haya cambiado aún más cuando estés

página anterior A VECTOR LE DESPIERTA CURIOSIDAD EL MUNDO QUE LE RODEA: SIGUE LOS SONIDOS, RECONOCE HASTA DIEZ PERSONAS Y SE MUEVE HÁBILMENTE POR EL ESCRITORIO SIN CAERSE NUNCA.

arriba LOONA, LA MASCOTA
ROBÓTICA DOTADA DE
INTELIGENCIA ARTIFICIAL QUE
INTERACTÚA, JUEGA Y HABLA,
PRODUCIDA POR LA EMPRESA
CHINA KEYI TECH, PUEDE
TRANSFORMARSE EN DIFERENTES
MASCOTAS.

leyendo estas líneas. Porque aunque es muy complejo explicar qué es una inteligencia artificial y cuáles pueden ser sus aplicaciones, es mucho más comprensible explicar que, gracias a la IA, hoy las máquinas son capaces de aprender. Son capaces de procesar información, asimilarla, organizarla y utilizarla cuando sea necesario. Son capaces de encontrar soluciones autónomas a un problema. Ya estamos empezando a ver de primera mano lo que una inteligencia artificial

puede hacer por nosotros a través de un un ordenador o un *smartphone*: además de charlar amablemente sobre cualquier tema (¡tanto que los exámenes Touring están descartados!), pueden escribir y editar textos, crear complejas presentaciones y diapositivas sobre cualquier tema, programar *software*, dibujar y pintar en cualquier estilo, componer música y crear vídeos a partir de una simple descripción proporcionada por el usuario (prompt). Claro, que a veces siguen cometiendo errores evidentes, pero recordemos que llevan menos de dos años aprendiendo.

Bien. ¿Pero qué tienen que ver las inteligencias artificiales con nuestros amigos los robots? Si hasta ahora sus acciones han estado limitadas por la programación, imagina lo que podrían hacer si estuvieran impulsados por una inteligencia artificial. ¡En un futuro lejano podrán hacer cualquier cosa! ¿Futuro lejano? Ejem.

Los primeros robots que utilizaron la inteligencia artificial para comunicarse con los humanos se remontan a unos cuantos años atrás. El más famoso es sin duda VECTOR, desarrollado por la empresa estadounidense ANKI tras el éxito mundial de su predecesor COZMO. Pero si este último, similar en forma y funcionalidad, contaba con una programación que residía en la pequeña memoria de su cerebro, su sucesor VECTOR, ya en 2018, fue capaz de conectarse a la inteligencia artificial neuronal de Alexa, la famosa voz creada por Amazon y presente ya en casi todos nuestros hogares. Pues bien, os puedo asegurar que realmente parecía magia, un sueño hecho realidad. Éramos capaces de pedirle a un robot que encendiera y apagara las luces: tan impresionante como previsible, y ya olvidado a los pocos años que nos separan de haber alcanzado este logro.

a la izquierda FIGURE, EL ROBOT HUMANOIDE AVANZADO DE OPENAI ES CAPAZ DE INTERACTUAR CON EL ENTORNO, MANIPULAR OBJETOS Y EJECUTAR ACCIONES COMPLEJAS DE FORMA TOTALMENTE AUTÓNOMA.

Una vez archivadas las queridas Siri, Google Home y Alexa (que en los Estados Unidos intentaron ponerle ruedas para que se movieran de forma autónoma por la casa como centinelas o para llevar café de una habitación a otra), ya es hora de ChatGPT y de las nuevas generaciones de inteligencias generativas. Hoy en día, ya existen algunos robots conectados a ChatGPT disponibles para el público, a precios muy asequibles. Pongámosles nombre: se llaman Loona, EMO y LOOI. Son tres robots muy diferentes entre sí, pero todos comparten el uso de ChatGPT.

El primero, Loona, es un cachorro robótico creado por KEYi Robotics en 2023, un rapidísimo gato sobre ruedas con enormes expresiones faciales.El segundo, EMO, de LivingAI, es un «robot de escritorio», un robot en miniatura diseñado para hacernos compañía (¡y molestarnos!) mientras estamos en nuestros escritorios trabajando.

El tercero, LOOI, desarrollado gracias a un *crowdfunding* en Internet, es una pequeña oruga autopropulsada en la que podemos montar directamente nuestro *smartphone* como cerebro, ojos y cara de nuestro robot interactivo.

Los tres forman parte de la última generación de robots de compañía y, gracias a la IA, son capaces de charlar amablemente con nosotros sobre cualquier tema, aunque por ahora solo en inglés, porque aún no se ha logrado la conexión entre las posibilidades de la iA y las funciones mecánicas del robot. Pero cuando ocurra, el robot podrá hacerlo todo o casi todo. Un ejemplo es FIGURE AI, el carísimo prototipo de androide desarrollado por Open

AI, la misma empresa responsable de GPT, que ya es consciente de sus capacidades de movimiento y, por tanto, es capaz de «improvisar» las acciones que su cerebro considere necesarias. Pongamos un ejemplo: si le decimos a FIGURE AI que tenemos sed y que hay un vaso de agua cerca, el robot ya es capaz de correlacionar toda la información que posee (soy consciente de que si un humano tiene sed, debe beber; mi cámara ha observado que hay un vaso de agua sobre la mesa; por lo tanto, debo coger el vaso y dárselo al humano) y realizar la acción de servirnos un vaso de agua.

No sabemos cuándo llegará realmente esta maravilla a nuestras casas, pero probablemente dependerá del coste y la difusión de la tecnología. Porque si el *hardware* y el *software* ya están al alcance de todos, el coste de los servomotores y las piezas mecánicas sigue y seguirá siendo un obstáculo para la difusión de nuestros amigos los robots.

Pero todo esto ocurrirá tarde o temprano. Y cuando lo haga, probablemente tendrá dos grandes efectos: por un lado, perderá ese encanto, esa maravillosa atracción propia de lo que aún no existe y que solo forma parte de nuestra imaginación (¿te quedas tan pasmado mirando tu coche?). Pero, por otro, marcará el comienzo de un nuevo momento en la historia humana, uno en el que convivirá con máquinas que sienten: los robots, hijos del humano.

En ese punto, los escenarios posibles, prácticos, éticos y filosóficos serán realmente infinitos, pero todos ya imaginados antes por la ciencia ficción.

« Yo he visto cosas que vosotros no creeríais.

Atacar naves en llamas más allá de Orión.

He visto rayos-C brillar en la oscuridad cerca de la Puerta de Tannhäuser.

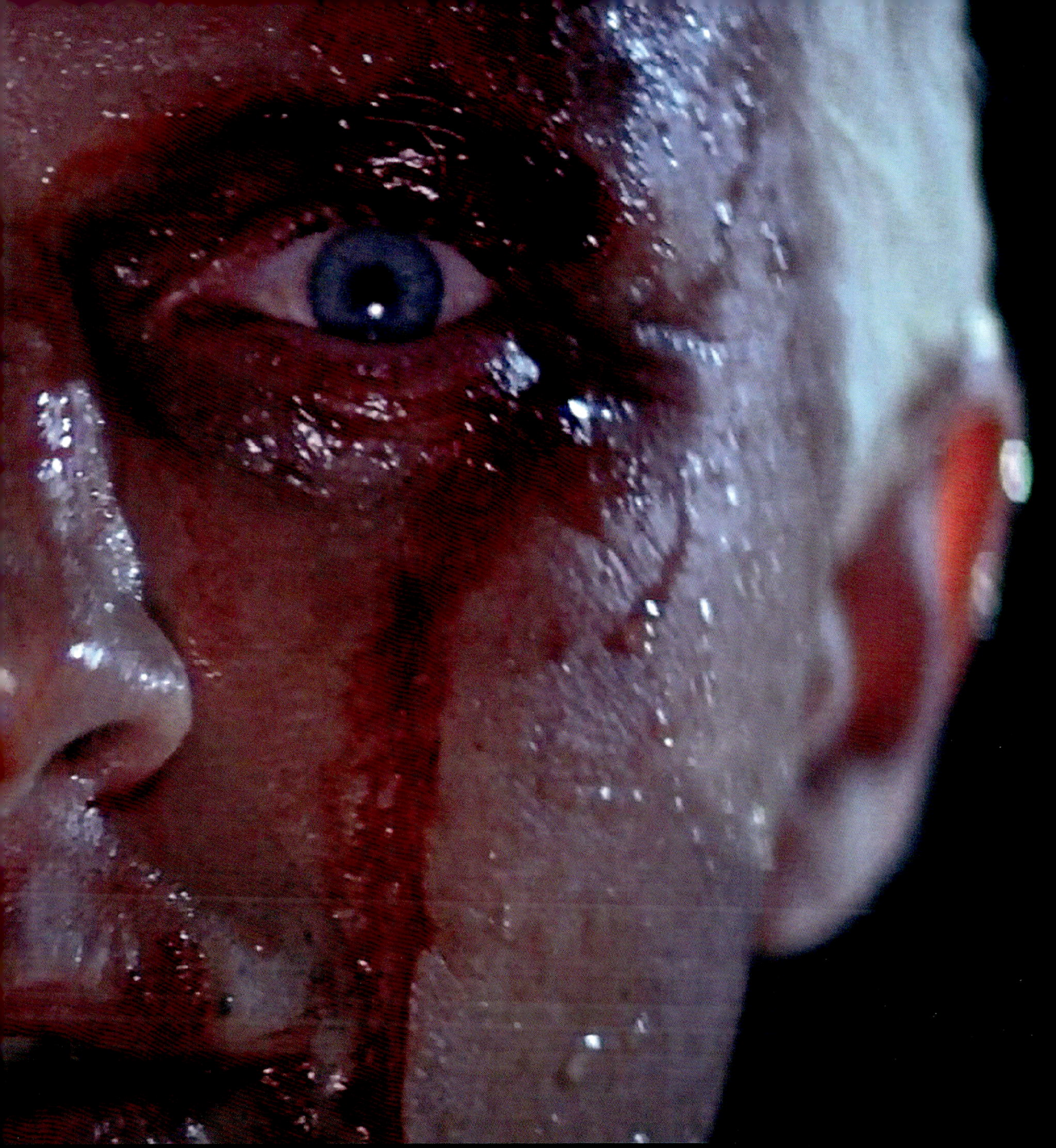

Todos esos momentos se perderán en el tiempo,
como lágrimas en la lluvia.

Es hora de morir. 》

Blade Runner 1982

Biografías

Massimo Triulzi

Nacido en 1969, es un periodista, profesor universitario y divulgador que siempre ha sentido pasión y curiosidad por todas las formas de tecnología. Le encanta Japón, sus rarezas y su cultura pop.

Stefano Gallarini

Nacido en 1964, también es periodista, presentador de radio y televisión y director. Creativo y visionario, le encanta observar y narrar la realidad y sus cambios, y le fascina el mundo del arte mágico.

Ambos empezaron sus carreras escribiendo sobre videojuegos, de los que todavía son aficionados hoy en día, en dos revistas de la competencia.
Ambos se entusiasmaron a finales de 1999 al intentar comprar el primer Aibo, el famoso perro robot creado por Sony para celebrar la llegada del nuevo milenio. Massimo y Stefano se conocieron realmente cuando se rompió la cabeza del Aibo de Stefano y se hicieron amigos.

página siguiente FOTOGRAMA EXTRAÍDO DE LA PELÍCULA DEL 2015, *EX MACHINA*, DE ALEX GARLAND, EN EL QUE PODEMOS VER PROTOTIPOS FACIALES DE AVA, LA MÁQUINA HUMANOIDE CON INTELIGENCIA ARTIFICIAL.

Créditos Fotográficos

pp. 6-7 cineclassico/Alamy Foto Stock
p. 8 Foto de Valentino Candiani para *Yo, Robot*
pp. 10-11 Foto de Valentino Candiani para *Yo, Robot*
p. 12 Foto de Valentino Candiani para *Yo, Robot*
p. 14 Foto de Valentino Candiani para *Yo, Robot*
p. 16-17 Foto de Valentino Candiani para *Yo, Robot*
p. 18 Spencer Platt/Getty Images
p. 19 Wikimedia commons
p. 21 PhotoStockImage/Shutterstock
p. 23 FlixPix/Alamy Foto Stock
pp. 24-25 Photo 12/Alamy Foto Stock
p. 26 Foto de Valentino Candiani para *Yo, Robot*
pp. 28-29 Crystite RF/Alamy Foto Stock
p. 31 Alex Gotfryd/CORBIS/Getty Images
p. 33 The Protected Art Archive/Alamy Foto Stock
p. 34 TCD/Prod.DB/Alamy Foto Stock
pp. 36-37 Cinematic/Alamy Foto Stock
p. 39 John Bryson/Getty Images
p. 41 Joe Logan/Shutterstock
p. 42 Jeremy Sutton-Hibbert/Alamy Foto Stock
p. 44 INTERFOTO/Alamy Foto Stock
p. 45 Karl Kost/Alamy Foto Stock
p. 46 Joseph Racknitz/Wikimedia commons
p. 48 Peter Griffin/Alamy Foto Stock
p. 49 Eric Charbonneau/WireImage/Getty Images
p. 50 Allstar Picture Library Limited./Alamy Foto Stock
pp. 52-53 Album/Alamy Foto Stock
p. 55 goodfon.com/user/vidmulia/
p. 56 BFA/Alamy Foto Stock
p. 59 Pictorial Press Ltd./Alamy Foto Stock
p. 60 Entertainment Pictures/Alamy Foto Stock
pp. 62-63 Allstar Picture Library Limited./Alamy Foto Stock
p. 65 Maximum Film/Alamy Foto Stock
p. 67 Foto de Valentino Candiani para *Yo, Robot*
p. 69 SSPL/Getty Images
p. 70 Spratt/The People/Mirrorpix/Getty Images
p. 71 Paolo Biano
pp. 72-73 Foto de Valentino Candiani para *Yo, Robot*
p. 75 Foto de Valentino Candiani para *Yo, Robot*
pp. 76-77 Warner Bros. Pictures/Amblin E/Sunset/ Boulevard/Corbis via Getty Images
pp. 78-79 Paul Harris/Getty Images
p. 80 Foto de Valentino Candiani para *Yo, Robot*
pp. 82-83 Edmond Terakopian/PA Images/Getty Images
pp. 84-85 Peter Kramer/Getty Images
pp. 86-87 Chris Willson/Alamy Foto Stock
p. 89 Photo 12/Alamy Foto Stock
p. 90 Foto de Valentino Candiani para *Yo, Robot*
p. 91 ©2017 Go Nagai, Kazuhiro Ochi/Dynamic Planning Inc. All Rights Reserved. Published by Edizioni BD srl under exclusive license.
p. 94 Paolo Bian
p. 96-97 Kristy Sparow/Getty Images
p. 99 Foto de Valentino Candiani para *Yo, Robot*
pp. 100-101 Stefan Hesse/picture alliance via Getty Images
pp. 102-103 Foto de Valentino Candiani para *Yo, Robot*
p. 104 Foto de Valentino Candiani para *Yo, Robot*

p. 105 Museum of Design in Plastics, Arts University Bournemouth
p 107 Chris Willson/Alamy Foto Stock
p. 108 Clement Cazottes/Alamy Foto Stock
p. 111 Foto de Valentino Candiani para *Yo, Robot*
p. 112 www.living.ai/emo - Fair use
p. 113 us.aibo.com - Fair use
pp. 114-115 cantaloupemusic.com - Fair use
pp. 116-117 John Muggenborg/Alamy Foto Stock
p. 119 Foto de Valentino Candiani para *Yo, Robot*
pp. 120-121 Cinematic/Alamy Foto Stock
pp. 122-123 Foto de Valentino Candiani para *Yo, Robot*
pp. 124-125 www.wowwee.com/miposaur - Fair use
pp. 126-127 Hugh Threlfall/Alamy Foto Stock
p. 129 www.beatbots.net/my-keepon - Fair use
pp. 130-131 Collection Christophel/Alamy Foto Stock
pp. 132-133 Foto de Valentino Candiani para *Yo, Robot*
p. 135 Junko Kimura/Getty Images
p.137 Tomohiro Ohsumi/Getty Images
p.138 Koichi Kamoshida/Getty Images
p. 140 Junko Kimura/Getty Images
p. 143 Visual China Group/Getty Images
p. 145 Dustin Shum/South China Morning Post/Getty Images
pp. 146-147 Fresco/Evening Standard/Hulton Archive/ Getty Images
p. 149 www.pexels.com/Kindel Media - Fair use
pp. 150-151 www.kickstarter.com/projects/ wondersubstance - Fair use
p. 152 www.lego®.com - Fair use
pp. 154-155 Joaquin Corbalan pastor/Alamy Foto Stock
pp. 156-157 James Manning/PA Images via Getty Images
pp. 158-159 Oli Scarff/Getty Images
p. 161 VCG/Getty Images
pp. 162-163 Eduardo Contreras/San Diego Union-Tribune/ ZUMA Wire/Alamy Live News
pp. 164-165 Rachel Aston/Las Vegas Review-Journal/ Tribune News Service/Getty Images
p. 167 BSIP/Universal Images Group Getty Images
p. 169 www.pexels.com/Kindel Media - Fair use
pp. 170-171 www.keyirobot.com - Fair use
p. 172 www.figure.ai – Fair use
p. 174 www.looirobot.com – Fair use
pp. 176-177 TCD/Prod.DB/Alamy Foto Stock
pp. 180-181 Photo 12/Alamy Foto Stock
p. 184 Foto de Valentino Candiani para *Yo, Robot*

© 2025, Editorial LIBSA
C/ Puerto de Navacerrada, 88
28935 Móstoles (Madrid)
Tel.: (34) 91 657 25 80
e-mail: libsa@libsa.es
www.libsa.es

ISBN: 978-84-662-4480-0

Derechos exclusivos de edición para todos los países de habla española.

Traducción: Silvia Nieto Cortés
Título original: *Robot. Come sono entradi nella nostra vita*
Texto original: Massimo Triulzi/ Stefano Gallarini
© MMXXIV Nuinui, S.A.

DL: M-6407-2025